dp

Delight in Knowledge

超图解
娜塔莎的机缝拼布包

30种包款，60个作品，丰富你的手作创意！

林素伶　著

河南科学技术出版社
·郑州·

序

自在创意路

这是我为第三本拼布书写序时的心情。

没有您的支持与鼓励，就不会有这样的成果，我感恩与喜悦之情早已满溢，终可继续圆创意之梦。

这本书是我的拼布大包包合辑，都是我最钟意的包款。之前的《我的第一次折布手作》和《美丽拼布夹包》（这两本书的中文简体版都已由河南科学技术出版社出版）里的作品因有条件上的限制，图案布风格较难表现，本书中的作品用布及配色，希望朋友们会喜欢。

特别值得一提的是在我提供作品的步骤之外，还有教室姐妹们用自己的创意和配色完成的观摩作品，视觉上的反差，让本书的色彩与内容更加缤纷丰富，感谢她们的热情参与，同时留下这段情比路更长的美丽记忆，让我好珍惜；30款包、60个作品，内容不多也不少，问市不迟也不早，一切都刚刚好。

完成这本书时，也觉得拼布可以更生活化了，创意激荡早已是我们共同的语言。此时无声更胜有声，请静下心来欣赏我们的作品，并给我们热情的回响，谢谢！

林素伶

2011年5月25日夜

关于 林素伶（快乐的娜塔莎）

台湾科技大学医管系
获日本余暇文化协会机缝最高级讲师证书、英国刺绣讲师证书。
台中市苹果布工坊拼布教室老师、大墩社区大学拼布讲师，
钻研机缝拼布数年，2006年于台中成立苹果布工坊拼布教室，
培训机缝师资人员。

Book |《美丽拼布夹包》
《我的第一次折布手作》
Blog | 苹果树底下的幸运草
http://tw.myblog.yahoo.com/apple_onlyone

目录

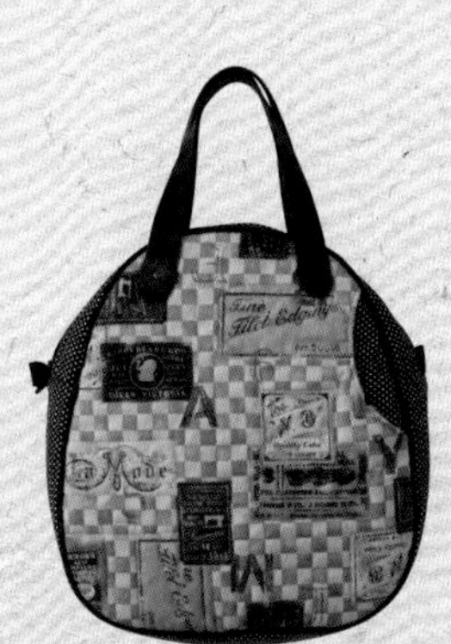

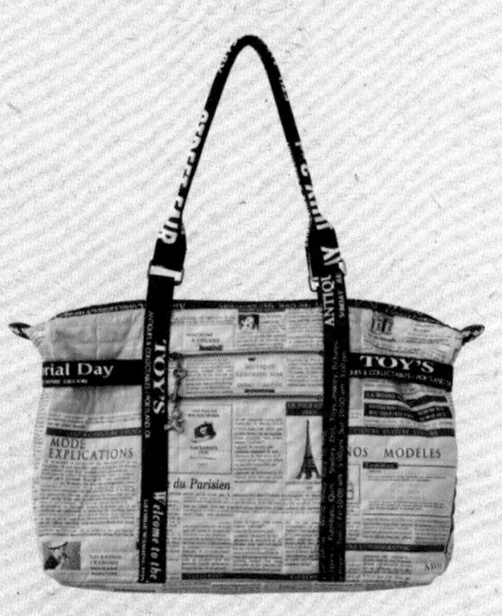

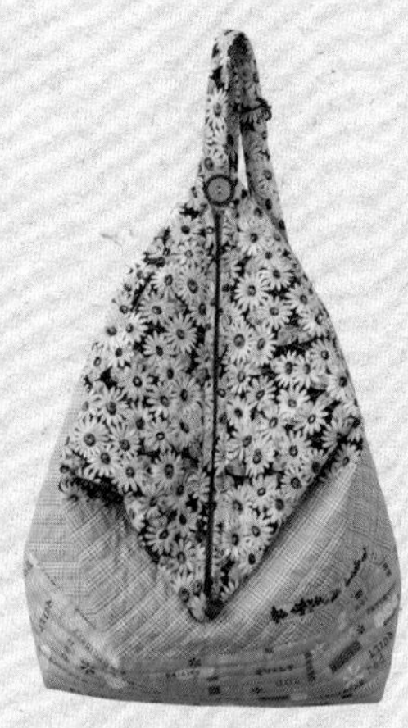

春漾加盖后背包
p.52

名牌经典手提包
p.54

香颂花都手提包
p.57

自由曲线压花肩背包
p.64

仕女蝴蝶肩背包
p.66

惊艳巴洛克手提包
p.69

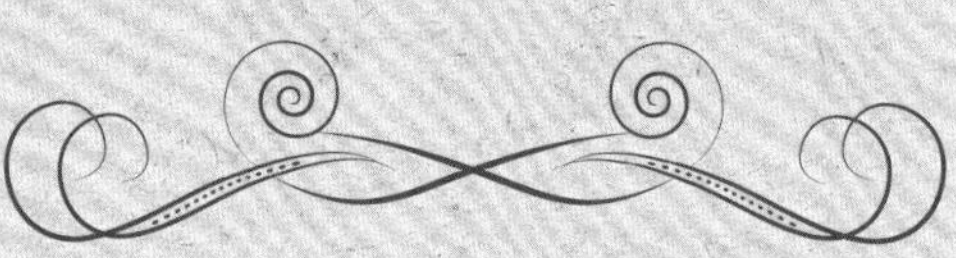

美丽的心情，
幸福的缘分，
一起开心做包包，
无私地与你分享，
钩钩手，
未来我们还要一起共度这样的美好时光……

一个包款，两款配色，
挑战缝制实力，
也考验设计功力，
视觉的飨宴由翻开本页开始……

玫瑰情缘手提袋

盛夏的玫瑰开在粉黛浪漫中，
花开时如歌，花谢时如诗，
花开花落，潮起潮落的印记，
留在诗词歌赋的绝色华美中。

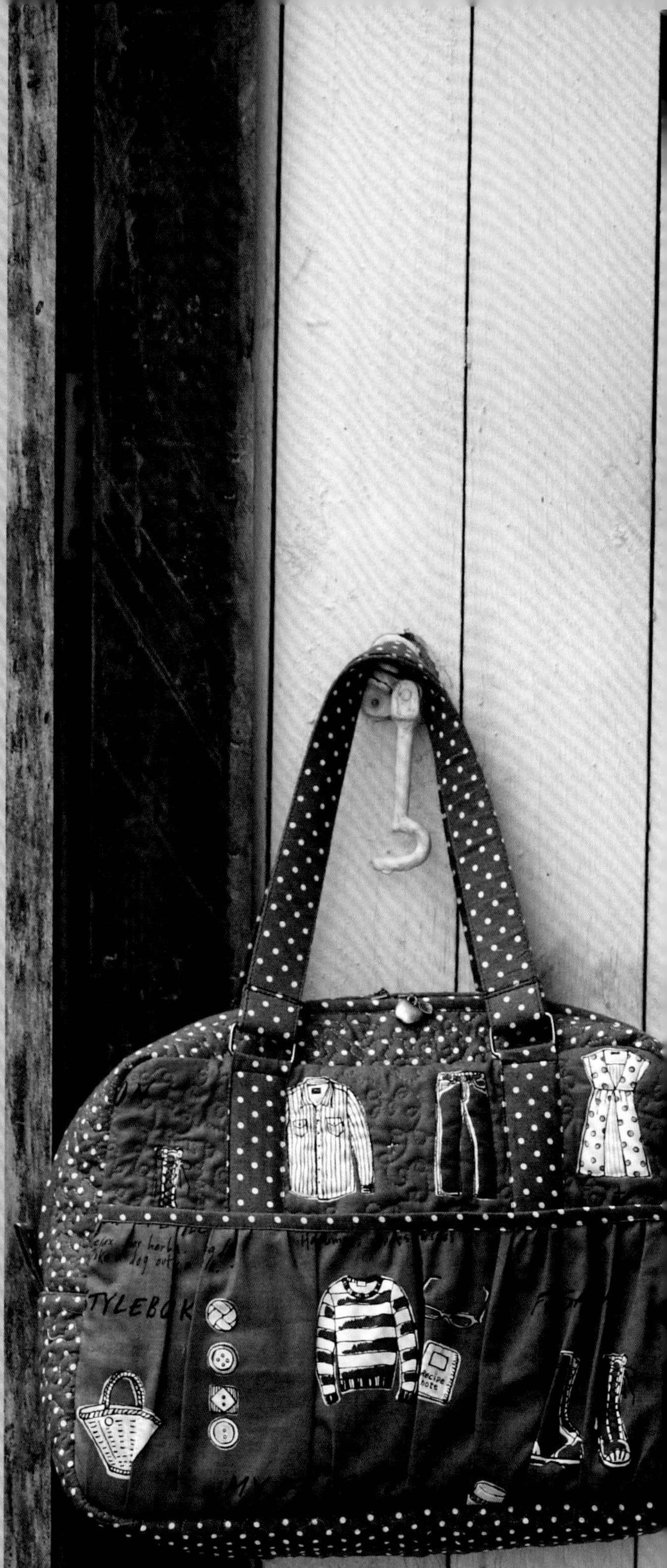

学生作品示范 / 姚丽萍

制作方法　P.74

No.2

浪漫之春反折手提包

春风吹春雨润春阳照，
花朵一下子就鲜活了。
采下几朵诗意与浪漫，
为初春之美作个见证。

学生作品示范 / 求慧真

制作方法　P.77

The San Francisco News
ENTERPRISE
BERLIN
NEW
OUSTED KAISER

旧爱最美手提包

翻开尘封已久的回忆，
像是留声机里幽缓的老歌，
眷恋与怅然的感动一一浮现，
蓦然回首，旧爱仍是最美。

学生作品示范 / 孙宜玉

制作方法 P.79

No.4

璀璨新绿手提包

春雷中万物苏醒了，轻柔和煦春风吹拂，
一片嫩叶一朵花苞，孕育着新春的璀璨，
自然界的奇曲化育，蕴藏着无穷的活力，
谦卑诚敬面对天地，感怀拥有一切丰盛。

学生作品示范 / 谢明惠

制作方法 P.82

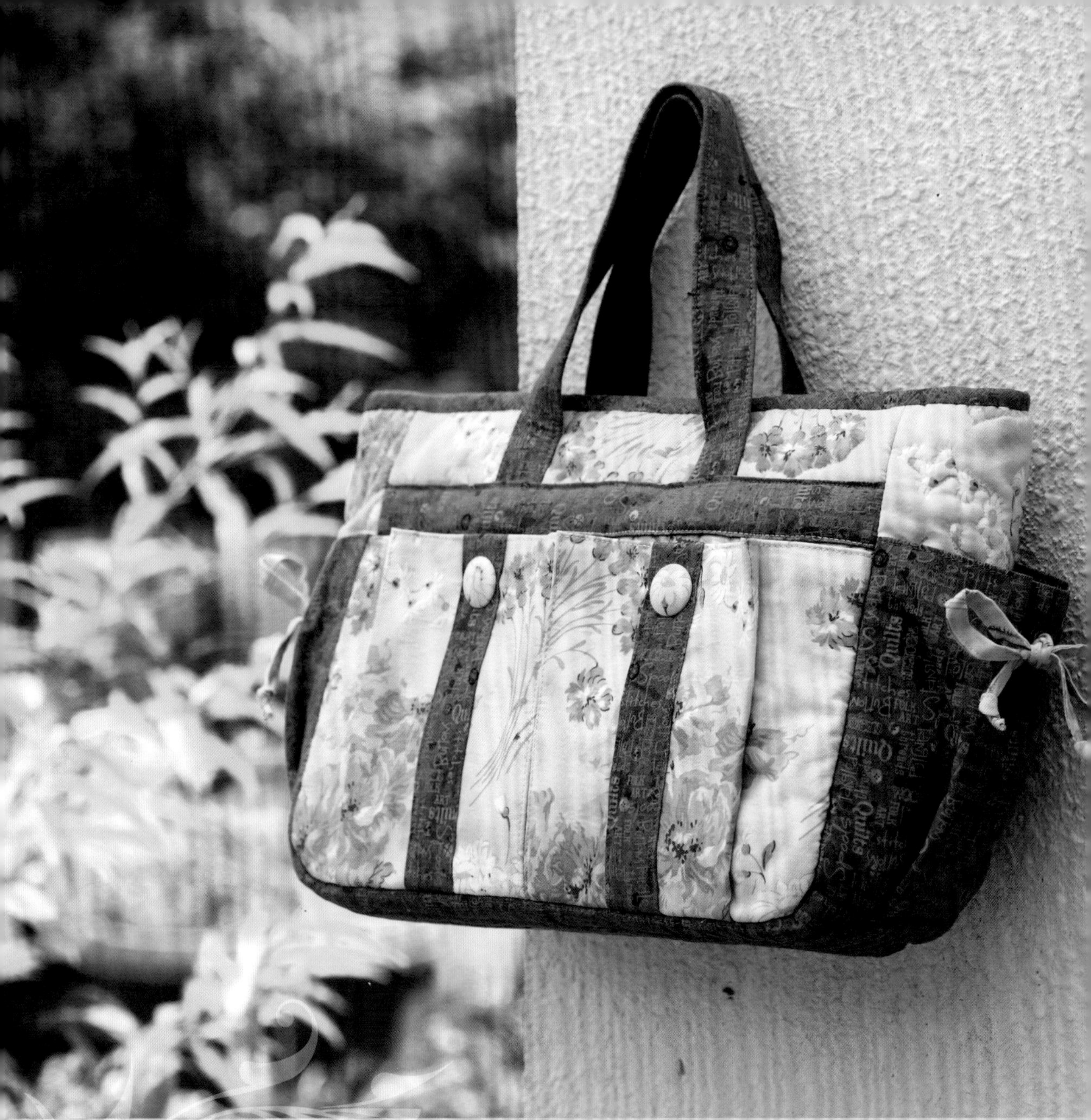

No.5

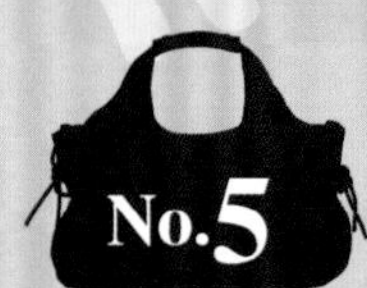

秋色盈金裙袋手提包

红花装点层叠山林，
回光映彩田野阡陌，
裙袋满溢喜见丰秋，
欢乐共聚庆度好年。

学生作品示范 / 涂淑荔

制作方法　P.84

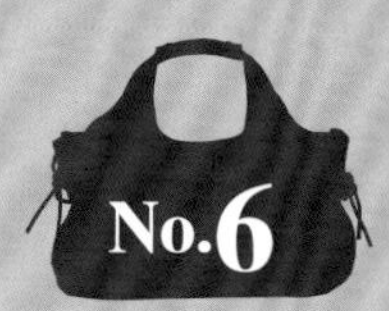

No.6 紫色情缘大背包

演绎紫色的迷人浪漫琴韵，
谱出向阳争妍之繁华组曲，
传递着无国界的爱恋情怀，
忘了告诉你，最爱的是你。

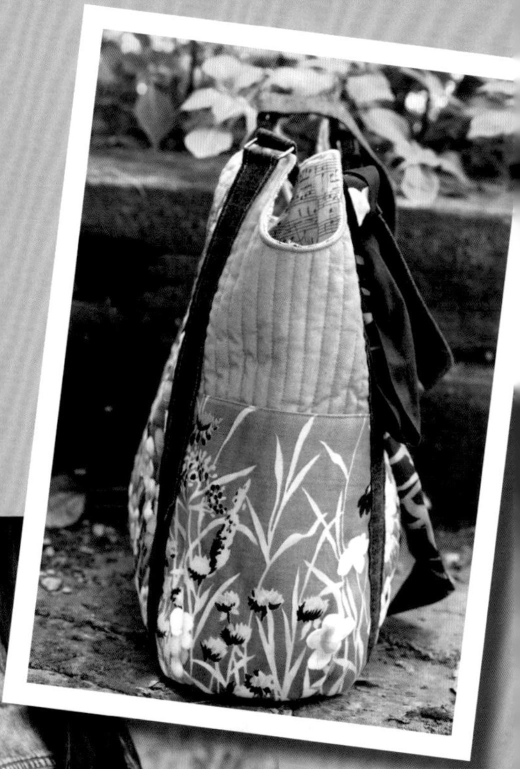

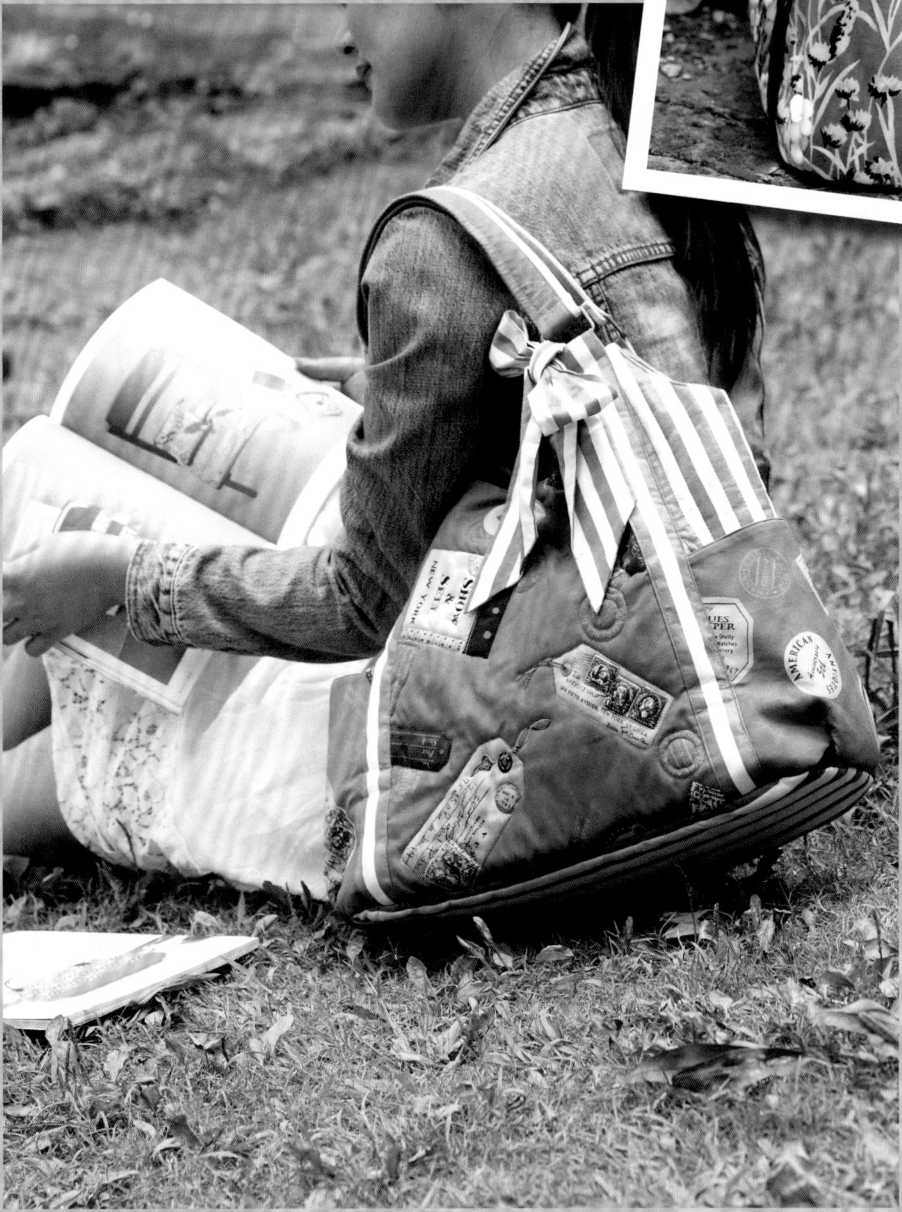

学生作品示范 / 刘宜菁

制作方法 P.87

迷漾森林手提包

水漾森林里的婆娑之树，
迎风摇曳舞出盎然惬意，
用一个完美的圆弧曲线，
圈起这一幅永恒的美景。

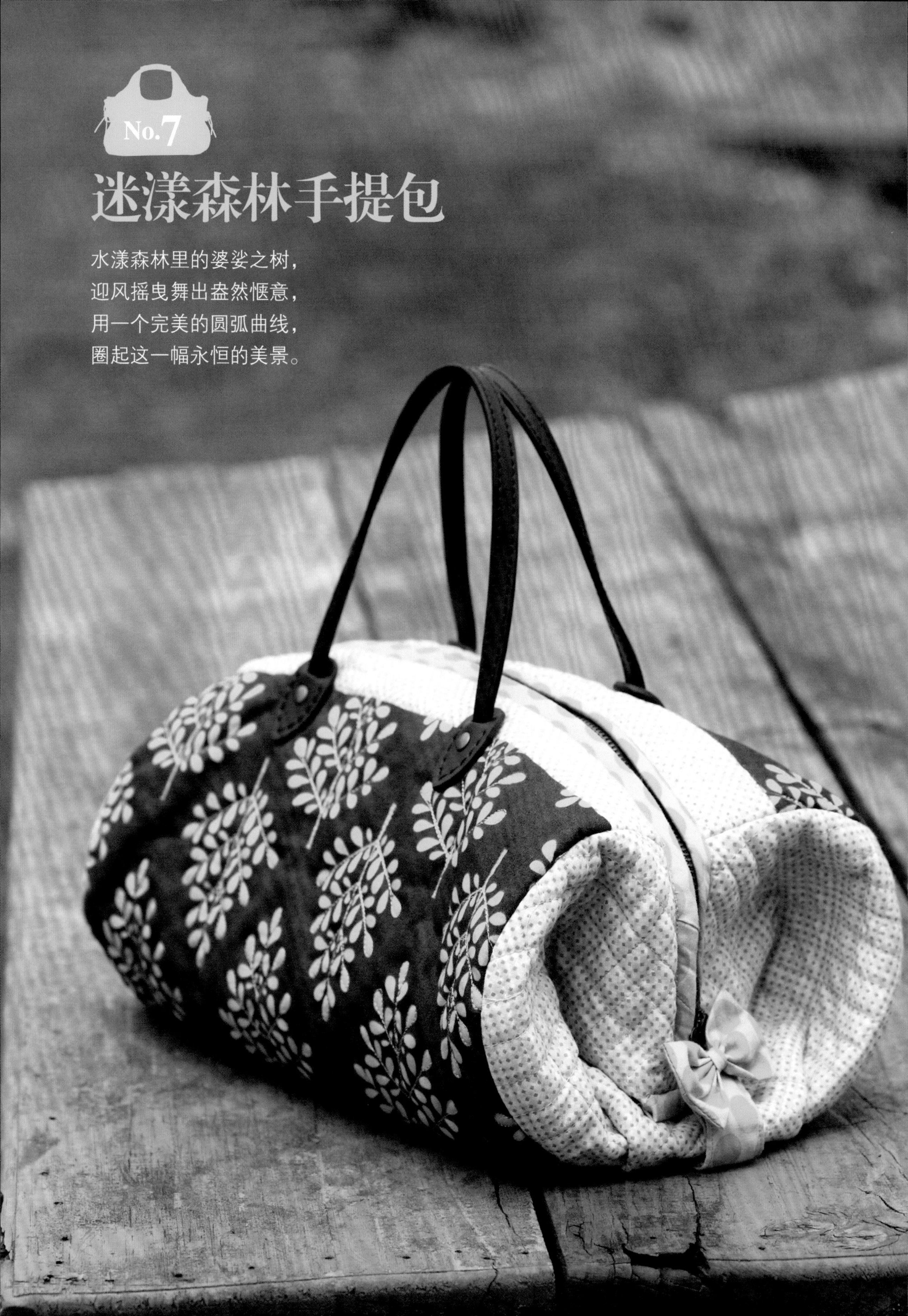

学生作品示范 / 黄士贤

制作方法　P.90

No.8 波浪曲奇时尚包

用波浪理论的黄金分割率，
拼成一波波的高潮与低潮，
潮来潮往曲奇转折不间断，
人生的戏不正也如此精彩?

学生作品示范 / 洪惠珠

制作方法　P.93

No.9

个性杂货风肩背包

总是那么随兴，
总是那样惬意，
总是在稍不注意时，
就悄悄地进入心窝里，
是创意，是巧思，
是随手可得的素材制造出的浪漫！

学生作品示范 / 谢雅莉

制作方法　P.96

No.10 口金花语手提袋

春天迷人的美景是经过冬天的孕育，
努力绽放的红花展现出新生的契机，
像聆听一曲爱的旋律如此丝丝入扣。

学生作品示范 / 巫静宜

制作方法　P.99

青春印记手提包

有着青涩的稚气与纯真，
也有很丰富鲜艳的色彩，
是迷人动听的人生短歌，
瞬间即逝但却永不磨灭。

学生作品示范 / IVY

制作方法 P.102

No.12 花飞花舞手提袋

无人寂静的夜，只听到花开花落的声音，
这是大自然的交融，是天生但却宏伟的，
似花又不是花的蕊，清晨将会铺满大地，
心底丝微悸动，是感动、歌咏、赞叹。

学生作品示范 / 李雅惠

制作方法　P.105

No.13

清纯学院风斜背包

简单规律的线条中
流露出学院风清纯印象，
没有酷炫的外表，
是属于春青的原始情愫，
单纯却不单调。

学生作品示范 / 杨棋雅

制作方法　P.108

No.14 拉褶超大肩背包

最好搭配的暖色系，
低调优雅的高质感，
全开或拉褶都实用，
完美无瑕组合搭配，
淡雅中却带着摩登。

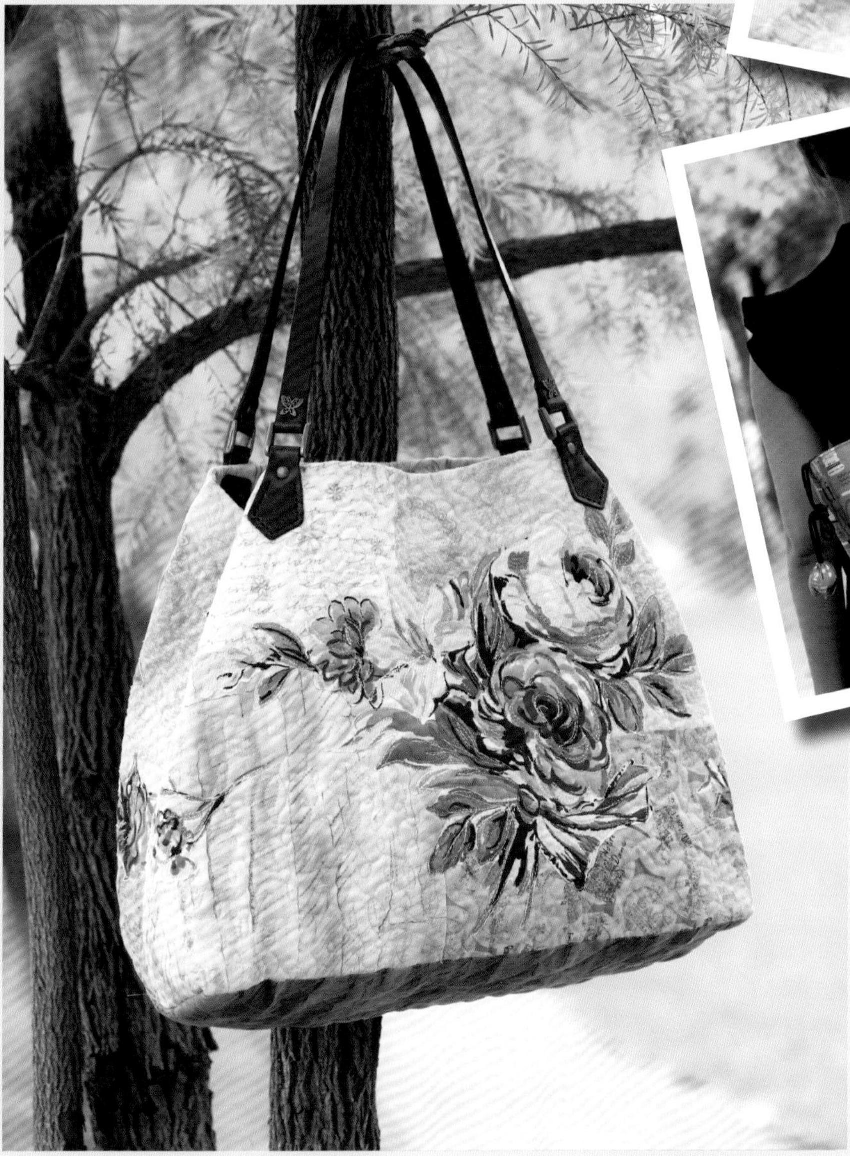

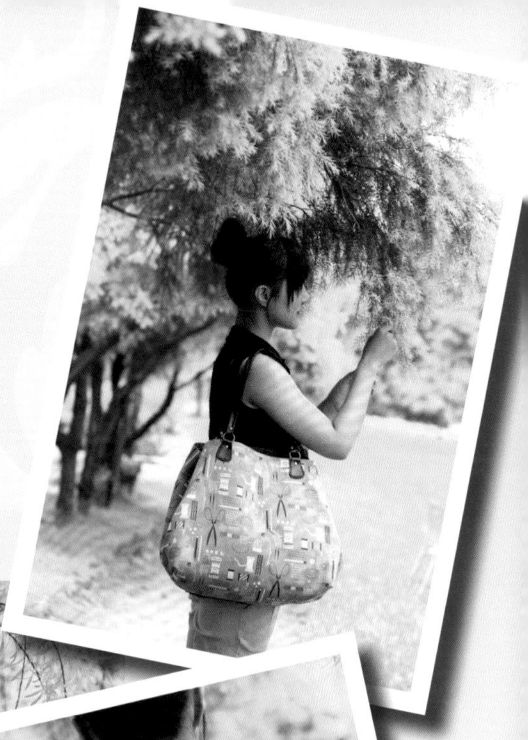

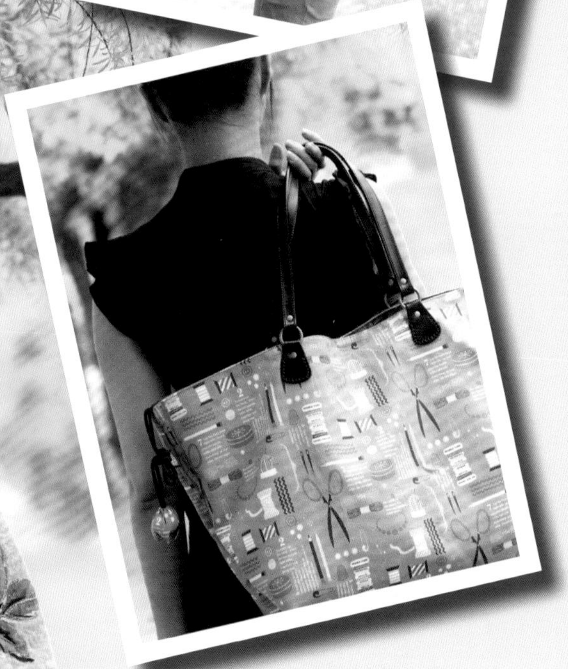

学生作品示范 / 简晓瑜

制作方法　P.111

No.15 椭圆时尚手提包

时尚前卫的椭圆形包款，
大方不拘谨的乡村搭配，
创造平实优雅不凡气质，
具中庸朴素的经典特性。

学生作品示范 / 陈美昭

制作方法　P.114

5TH ANNI
JULY 3rd
FAIR
30 Anniversary
1900-1930
ANTIQUE SHOP of OLD HOUSE
SUNDAY JULY 3rd
Welcome to t
Shops!!
MODE
EXPLICATIONS
CULTURE CULTURE CULTURE
PAPETERIE
NOMBRE SPÉCIAL
Beauté et
VOIE LACTÉE
CHAMPAGNE
ÉTOILE
NOS MODÈLES
Femmes
LA BONNE A
AMERICAN A

o.16 怀旧情愫肩背包

打开记忆之窗，岁月消逝令人悸动，
曾经清楚鲜明的故事慢慢退色模糊，
最后只剩一段悠悠淡淡的背景音乐，
梦想飞翔不停歇，在记忆的天空中。

学生作品示范 / 虎惠英

制作方法 P.116

No.17

马甲礼服肩背包

弥漫着春夏气息的甜美，
浸满梦幻的紫彩氛围，
交叉围绕系上美丽花瓣，
宛如蝶觅花丛幸福无限。

学生作品示范 / 蔡怡臻

制作方法 P.120

No.18

扶桑花语双袋斜背包

扶桑示意热带岛屿的热情，
不论插在耳朵或挂满胸前，
传递的是对你无限的祝福。

学生作品示范 / AKI

制作方法　P.122

No.19

童趣风手提包

孩子的心是一片净土，
保留了人之初的美善，
两小无猜的单纯稚气，
呈现出最质朴的感动。

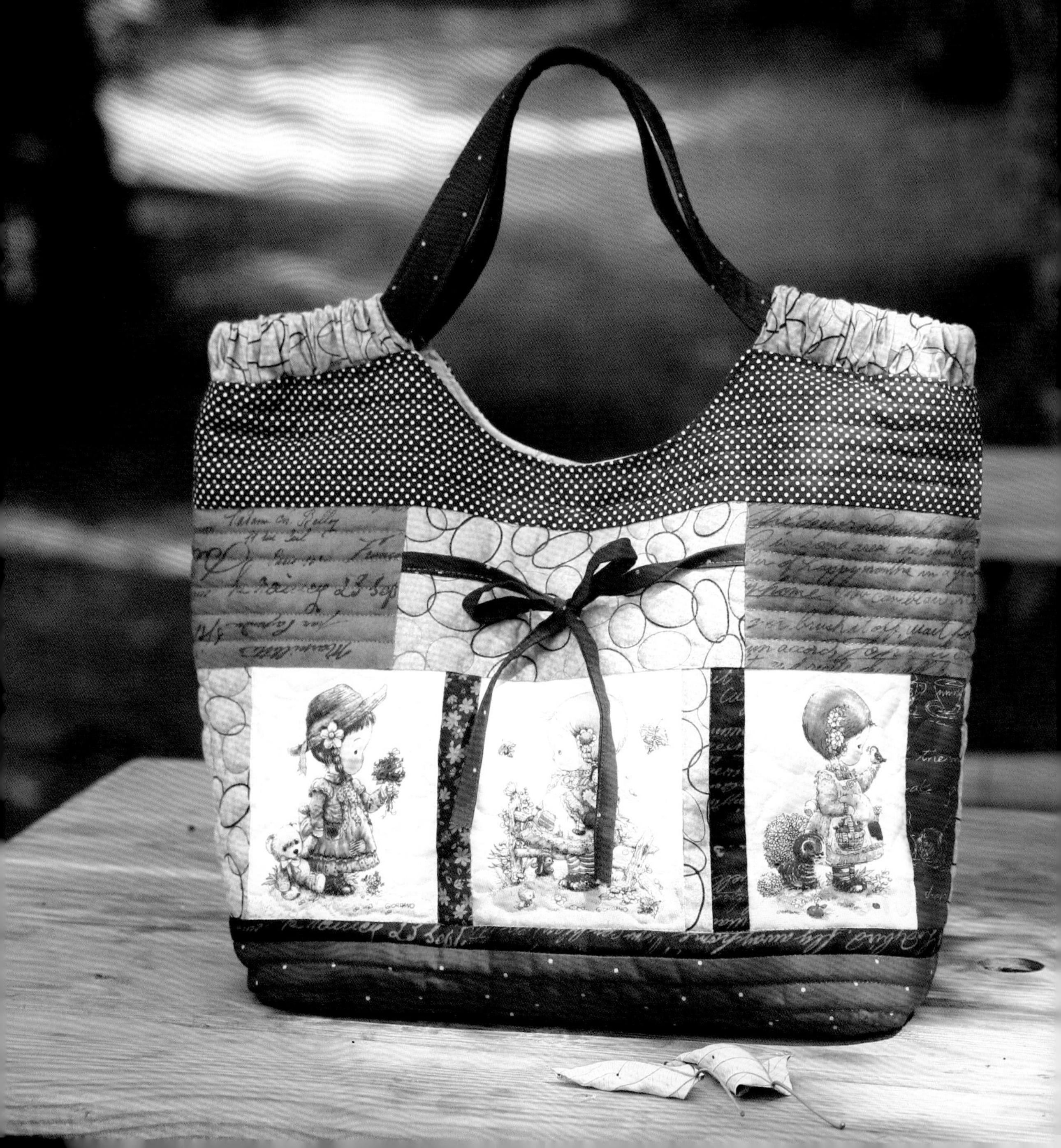

学生作品示范 / 叶顺兰（香港）

制作方法　P.124

学生作品示范 / 陈素珠

玫瑰之恋经典斜背包

经典的东西不需玩酷，
但经得起时间的考验。
黑白搭玫瑰的斜背包，
千挑万选的最终抉择。

制作方法　P.127

No.21

春漾加盖后背包

纯情的雏菊开满在春意盎然的大地上，
背着春花后背包开心出游去。
内装丰满呈圆柱形，反扣后呈流线型的上盖，
有时候简单的复杂也蛮耐人寻味的。

学生作品示范 / 汤仙芝

制作方法　P.129

No.22 名牌经典手提包

偏爱轻便又有个性的包包，
可以随着衣服造型作变化，
把生活的色调变得更丰富，
这就是专属于你的名牌包。

学生作品示范 / 樊逸萍(香港)

制作方法　P.132

香颂花都手提包

花都迷醉的香颂，似让人走进优雅氛围。
交缠爱恋、思念、淡淡怀想的迷人旋律，
宛若梳妆台上的香水一般，可以浓艳，
但更让人忘不了她的清韵悠扬。

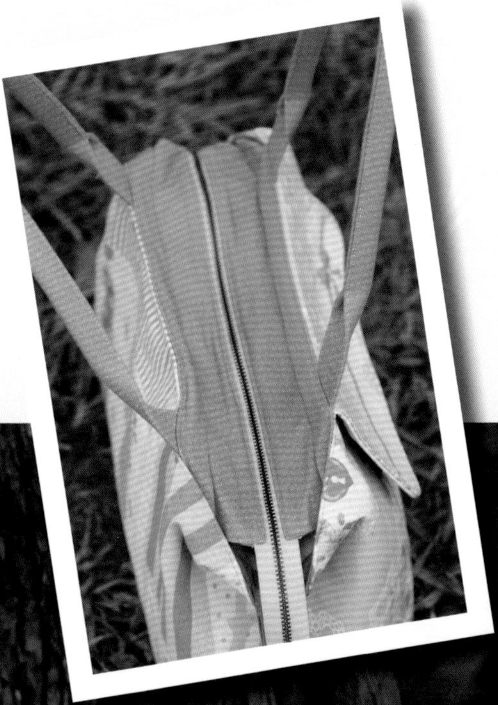

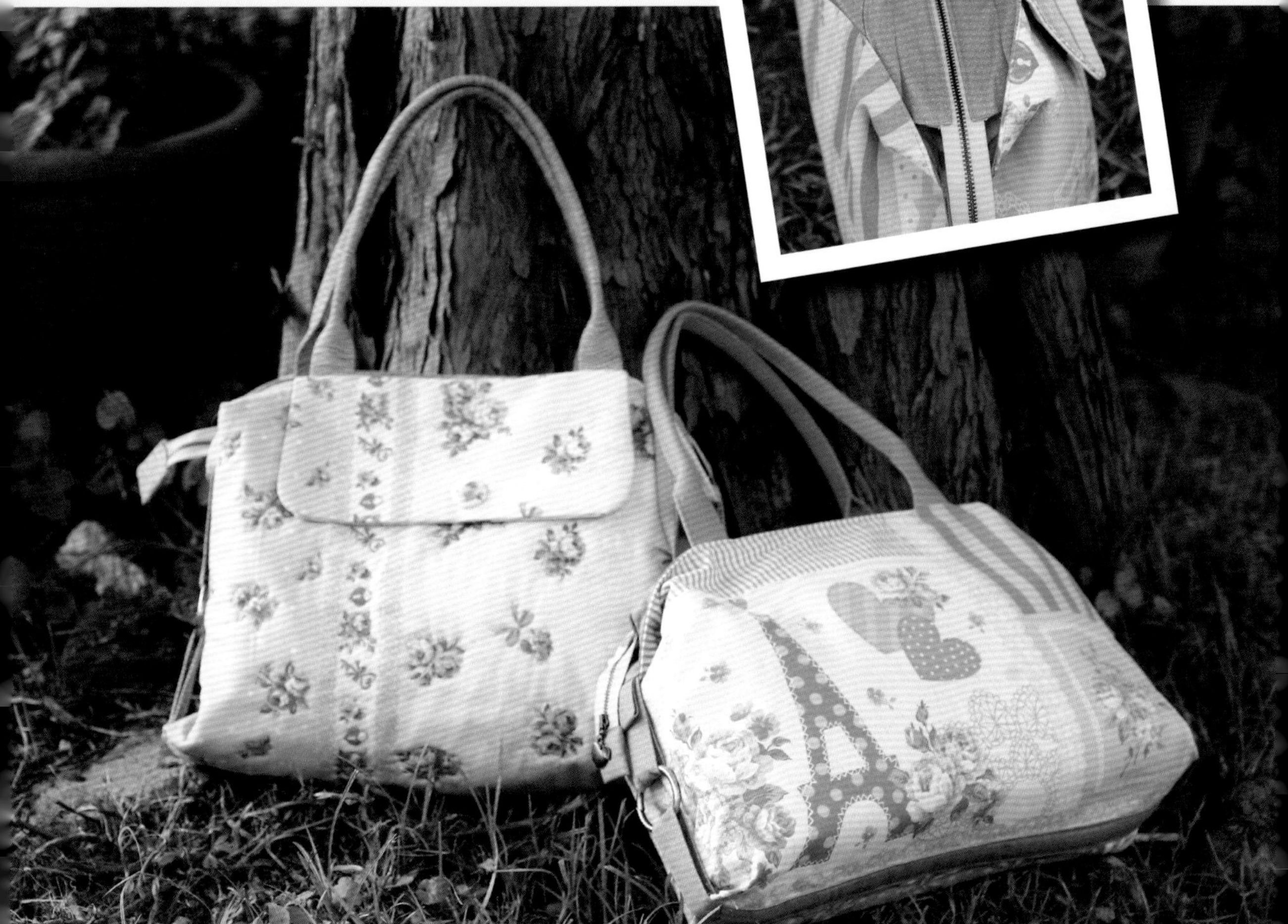

学生作品示范 / 杨婉美

制作方法　P.135

No.24 青春飞扬手提包

飞扬的青春里有泪水也有笑声，
飞扬的青春里点缀着亮丽缤纷，
努力地让成长的足迹走过自己。

学生作品示范 / 陈湘鹏

制作方法 P.138

No.25

蝶舞翩翩手提包

翩翩飞舞落下的幸福，
轻轻摇曳晃动的温暖，
虽是小小烛火的微光，
也能照耀世界的角落。

生作品示范 / 陈维妮

制作方法　P.140

No.26 祈愿物语手提包

我要把过去种种视为昨日已过，
我要把未来种种当做今日新生。
祈愿自己的身心精粹劲练，
更祈愿大家都能心想事成。

学生作品示范 / 王媛

制作方法 P.142

No.27

自由曲线压花肩背包

动感极强的线条，蕴含着多样的空间感。
予人以流畅、活泼、奔放和圆润的感觉，
朴素花朵摇曳其间，花少却不愁没颜色，
在线条曲折组合中，已幻化为惊叹之美。

学生作品示范 / 陈贞如

制作方法　P.144

No.28

仕女蝴蝶肩背包

一袭袭镂空的蕾丝花边，
一块块提花的透明褶皱，
多层次裙摆搭晶莹头饰，
今夜的舞台是属于你的。

学生作品示范 / 林佑晔

制作方法　P.146

Noblewomen
A noblewoman
The four seasons
France
A lovely dress
Paris

No.29 惊艳巴洛克手提包

雅致细腻的荷叶滚边，
层叠出柔美优雅袋型，
散发巴洛克宫廷贵气，
呈现出古典浪漫之美。

学生作品示范 / 谢静怡

制作方法　P.149

抽象意境手提包

抽象意境是能表现自己的特色风格，
同样的咖啡豆，煮出滋味各有不同。
答案没有好坏对错，只有喜好与否，
没人能够取代你，因为你是最美的。

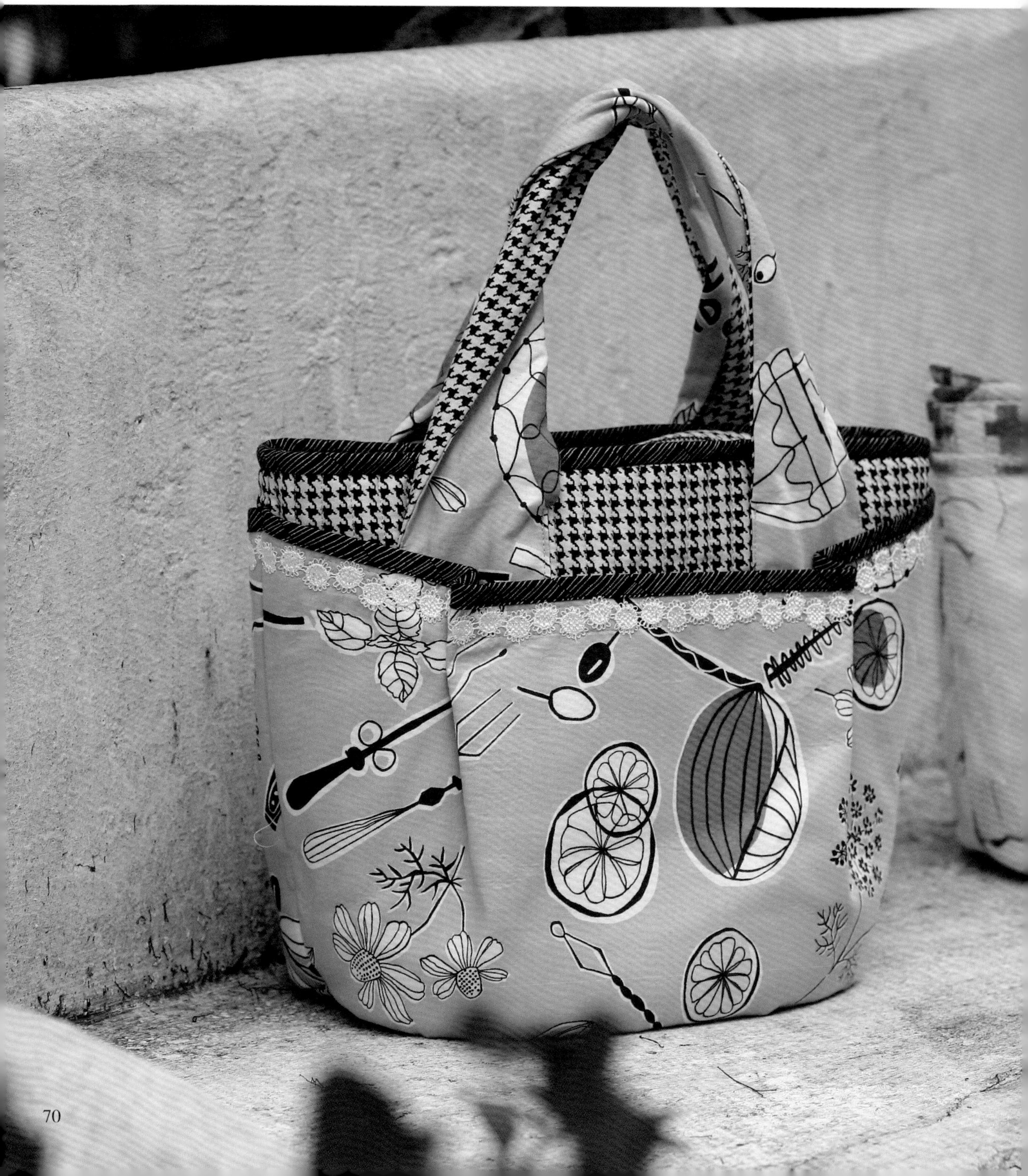

学生作品示范 /周翠蓉

制作方法　P.152

写在动手做之前

关于铺棉

市售铺棉有很多种类，膨胀的、扁实的、单（双）胶的、无胶的，美国、日本进口的，台湾本地产的……有人爱较厚的，觉得作品会很挺，有人爱较薄的，喜欢它的柔软感觉，无论如何，全看您个人的用途及喜好而定。

我试了很多种铺棉，以下是我使用铺棉的经验分享：

- ■ 壁饰：挂在墙上以装饰用途为主，选择越轻薄越好，除了好收藏，也不至于因垂挂太重而导致变形。
- ■ 拼布被：美国纯棉保暖度良好，但也有人觉得不适合亚热带气候，可选择制衣用的棉，轻薄保暖，盖着也较透气。
- ■ 袋物：如要包包硬挺则选择较厚的棉，反之选择较薄的棉，则会有柔软的感觉。但是，个人较喜欢轻薄且膨松的棉，袋物或作品再大也不会因铺了棉而太重，也因为膨松所以挤压后也一样有立体感。
- ■ 注意事项：铺上棉后熨斗整烫时，不可以重压，否则棉会扁实，不再膨松。

关于衬

衬的种类更多了，厚的、薄的、硬的、有胶的、无胶的、衣服专用的……可根据用途来作选择。

使用注意事项：

- ■ 衬上附着的胶，品质很重要，较差的边烫边掉胶粒，不易粘于布上且不环保。
- ■ 熨斗烫时，如果衬的孔较大，胶会粘住熨斗，所以最好由布的正面整烫（布在上、衬在下）。
- ■ 制作只烫衬的包包，尤其是棉布常常会发生像起泡一样的状况（不平整），此时烫时稍微压一下，等温度够了再移位，或可选择较好的衬（如制衣用的）。

为什么棉布下烫薄衬?

棉布下先烫上薄衬再铺棉再烫薄衬，共四层，以增加与棉的摩擦力，在机缝压线时会比较平整，不起皱，也会让包包表面较硬挺。如果是较厚的棉麻布、酒袋布等，就无需在布下烫薄衬了。

制作方法

参照原寸纸型A面

玫瑰情缘手提袋

材料：

花表布

袋身：41cm×30cm 2片
前后口袋：58cm×17cm 2片
外拉链：60cm×12cm 1片
侧边：65cm×17cm 1片

红点配色布

前后口袋内里：39cm×18cm 2片
滚边：38cm×4cm 2片、59cm×4cm 2片
提手：55cm×8cm 2片、30cm×8cm 4片
扣耳布：7cm×12cm 2片

里布：90cm×110cm 1片
薄衬：180cm×110cm 1片
铺棉：50cm×135cm 1片
双头拉链：55cm 1条、
20cm 1条
磁扣：2颗
织带：3cm×53cm 2条
口形环：3cm 4个

做法：

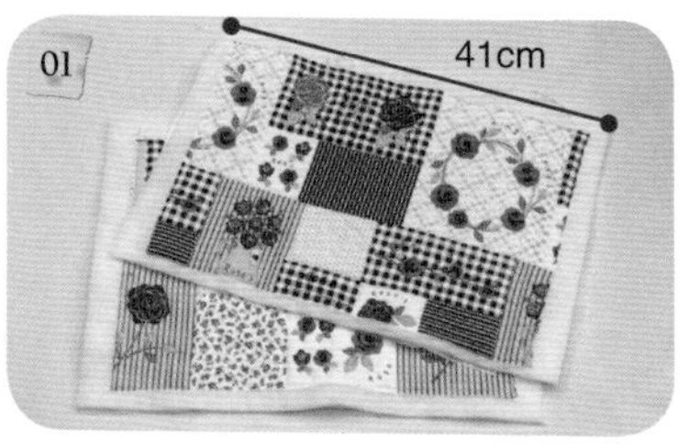

裁30cm×41cm的袋身表布两片，烫上薄衬后铺棉，再烫薄衬共四层，开始压线。

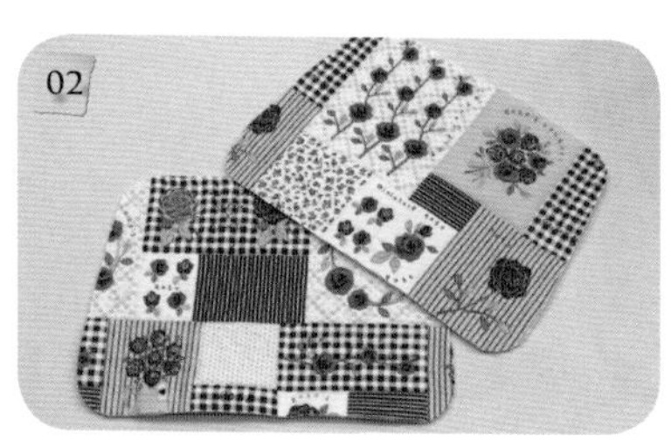

依纸型剪下前后两片袋身表布。

裁四片8cm×30cm提手布后，对折车缝。

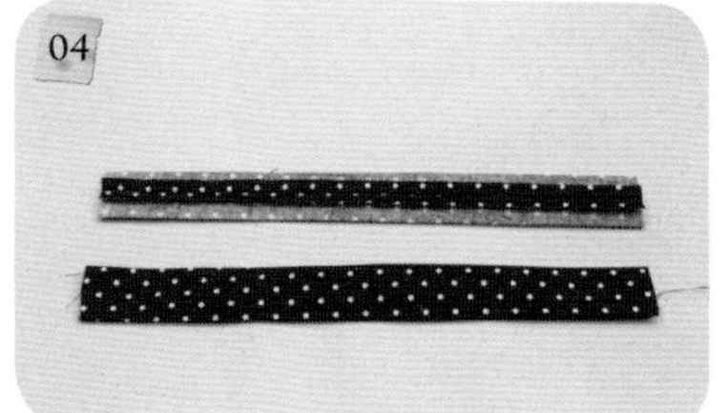

缝份烫平，翻回正面。

穿过口形环固定于前后袋身（间距12cm）。

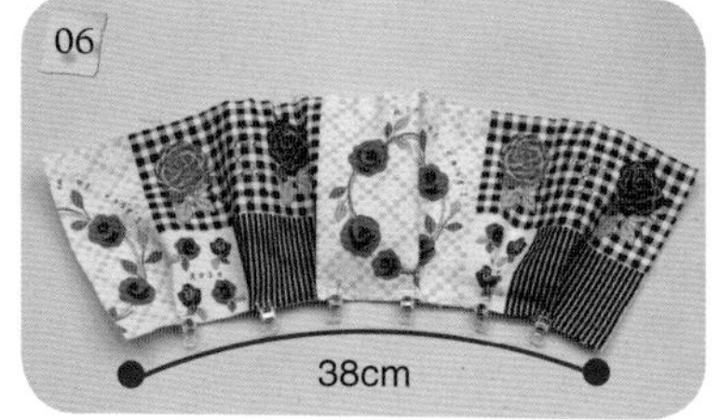

裁两片58cm×17cm前后口袋布，下端随意折出褶皱后，总长为38cm，车缝固定。

前后口袋内里布，烫薄衬，依纸型剪下。

将表布放于前后口袋内里布的背面，左右两边及下方车缝固定。

上方先疏缝抓皱（做法见p.149），平均褶皱后固定于上方。

将前后口袋内里面的底部依纸型修剪。

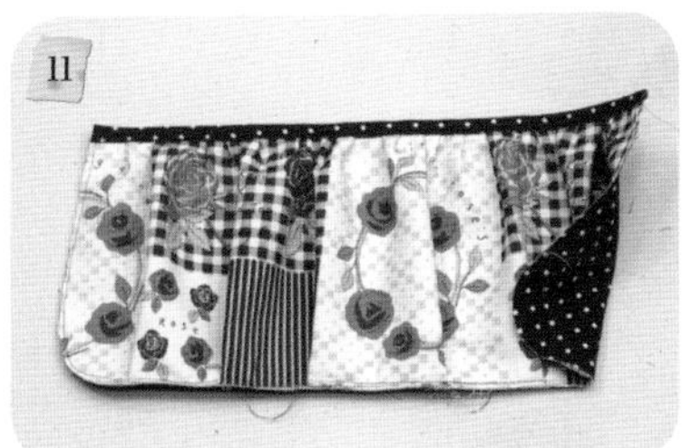

前后两片上端车缝上滚边布38cm×4cm。

裁两片55cm×8cm提手布，对折车缝，缝份烫平，翻回正面，穿入织带。

两端皆分别穿过口形环，折入后车缝固定。

提手固定后完成图。

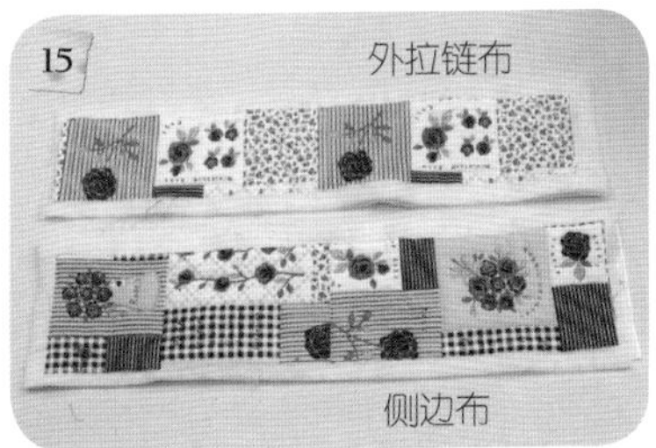

裁一片外拉链布60cm×12cm及一片侧边布65cm×17cm，分别烫上薄衬后铺棉，再烫薄衬共四层，开始压线。

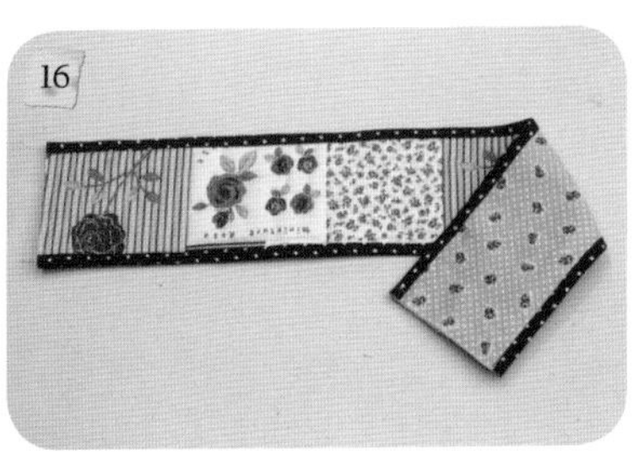

外拉链布压线完成修齐为59cm×11cm，及内里布59cm×11cm烫薄衬，两者背面对背面固定，两侧车缝上滚边布59cm×4cm。

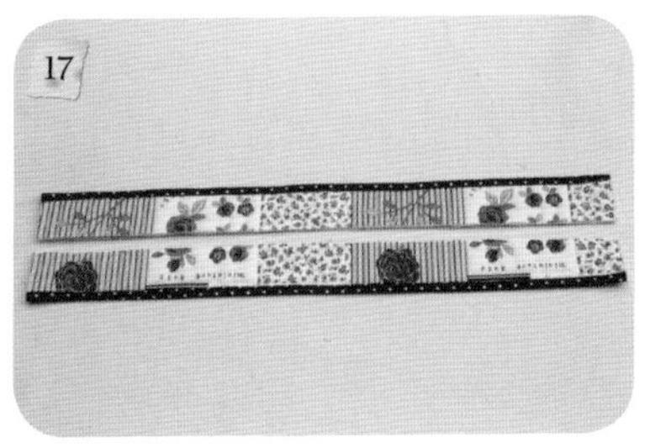

由中间裁开成为59cm×5.5cm两片。

两侧滚边布置于中间，车缝上55cm双头拉链。

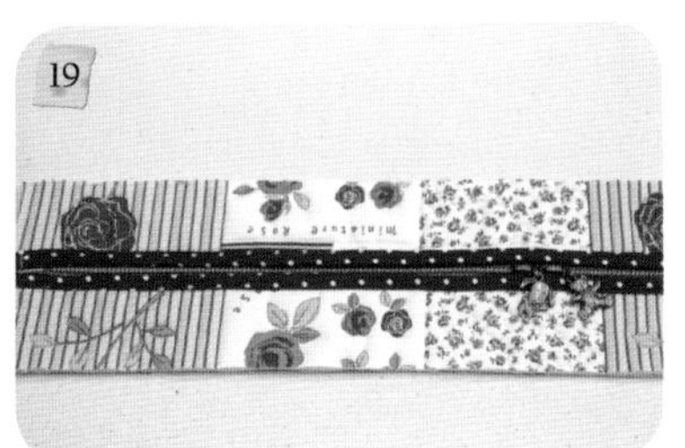

完成外拉链组合。

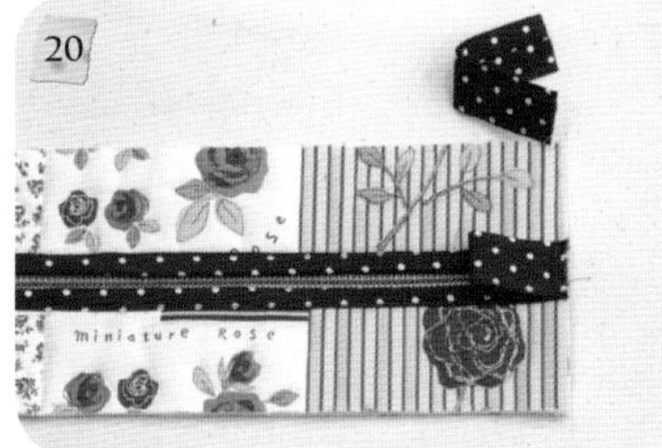

外拉链两端车缝上扣耳布（7cm×12cm两片，对折车缝后翻回正面）。

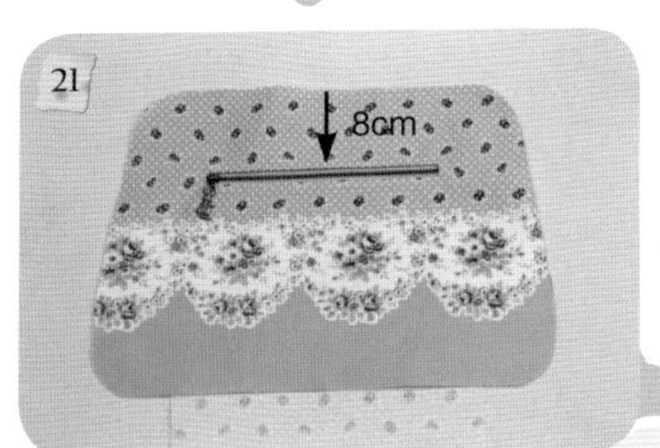

裁两片24cm×41cm内里布，烫上薄衬，依纸型裁剪，距上端8cm处开20cm拉链口袋（布裁25cm×40cm，做法参照p.158）。

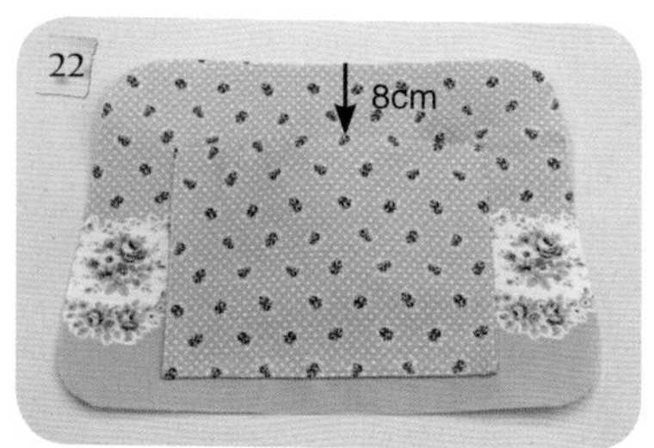

另一片距上端8cm处车缝上开放式口袋（裁布25cm×32cm）。

压线完成的侧边及内里裁16cm×62cm，烫薄衬，依纸型修齐，将外拉链置中，左右车缝固定。

车缝固定后，将缝份外的棉剪掉。

左右车缝完成图。

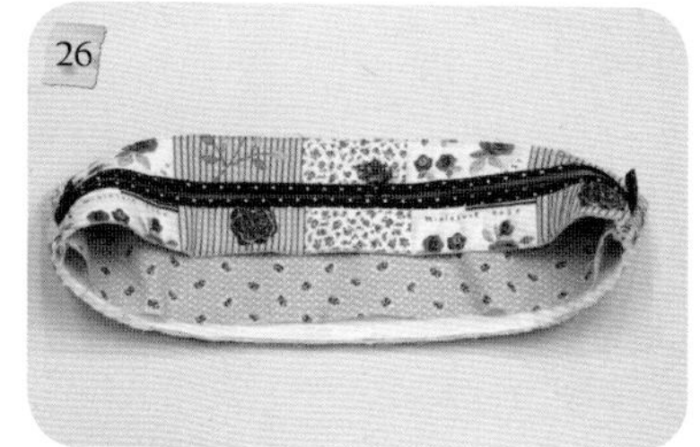

翻回正面，完成侧边组合。

将前后袋身表布与内里组合。

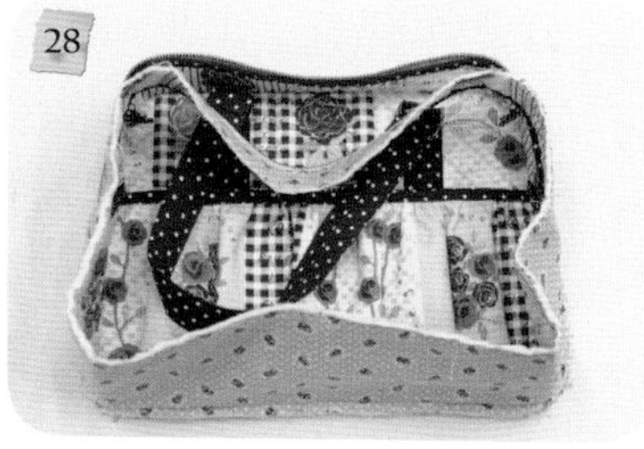

取一片袋身先与侧边组合。

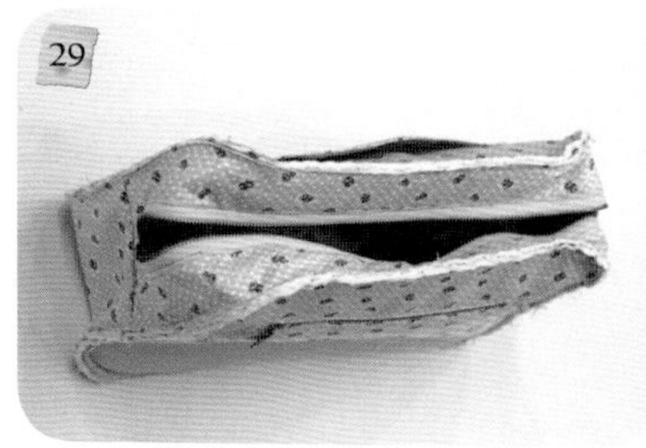

再与另一片袋身组合。

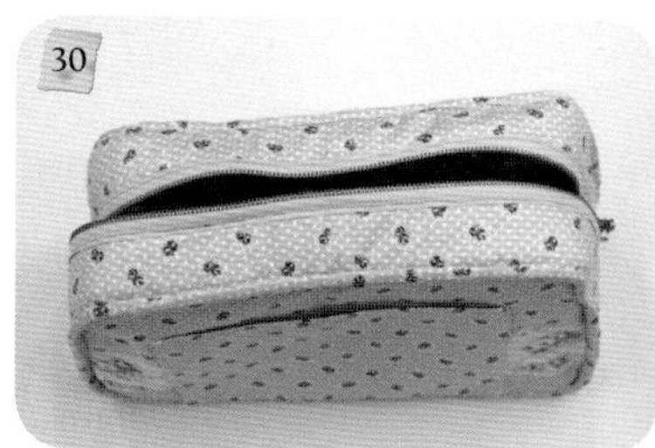

接合处滚边包住作为修饰。

翻回正面，前后口袋缝上磁扣，完成作品。

参照原寸纸型C面

浪漫之春反折手提包

材料：

表布：花袋身布：40cm×38cm 2片
　　　直条底布：15cm×30cm 1片
里布：60cm×110cm 1片
薄衬：150cm×110cm 1片
铺棉：45cm×100cm 1片
拉链：15cm 1条
磁扣：1组
提手：1组
PE板：25cm×10cm 1片

做法：

裁两片40cm×38cm花袋身布，烫上薄衬后铺棉，再烫薄衬共四层，开始压线。

压线完成后裁齐为两片38cm×35.5cm。

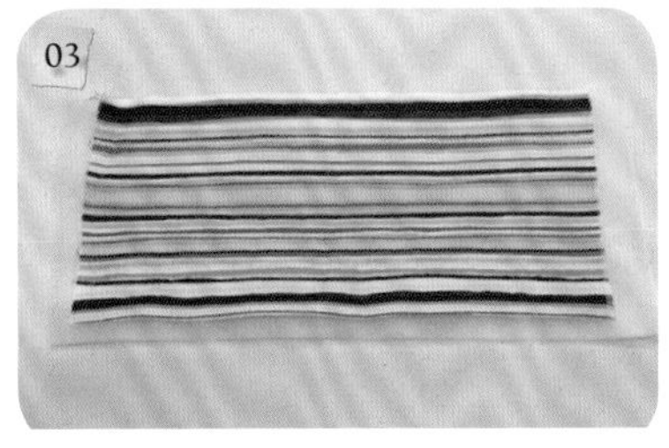

裁15cm×30cm直条底布一片，烫上薄衬后铺棉，再烫薄衬共四层，开始压线。

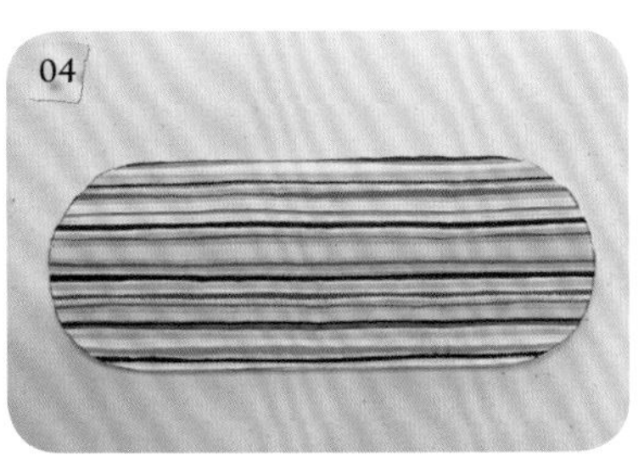

压线完成后依底部纸型剪下。

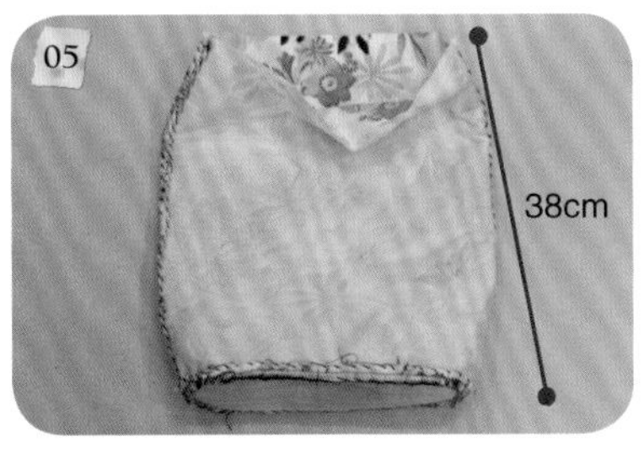

两片表布正面对正面，左右车缝固定，再与底部组合，接合的缝份拨开以卷针缝缝合（会使包较挺）。

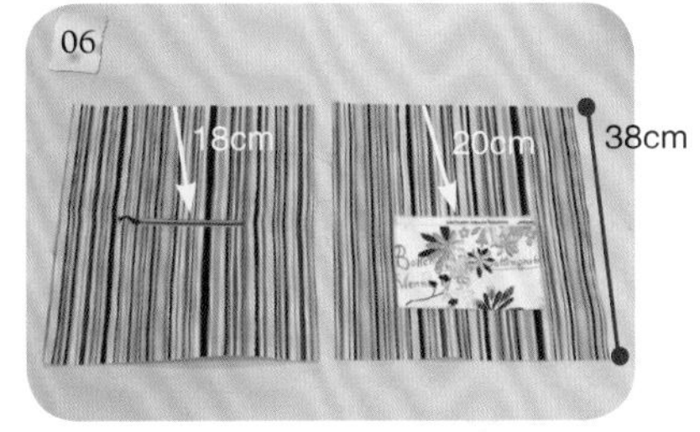

两片38cm×35.5cm内里布烫上薄衬，分别在距上端18cm处，车缝上15cm拉链口袋（20cm×40cm，做法参照p.158）及20cm处车缝上开放式口袋（21cm×30cm）。

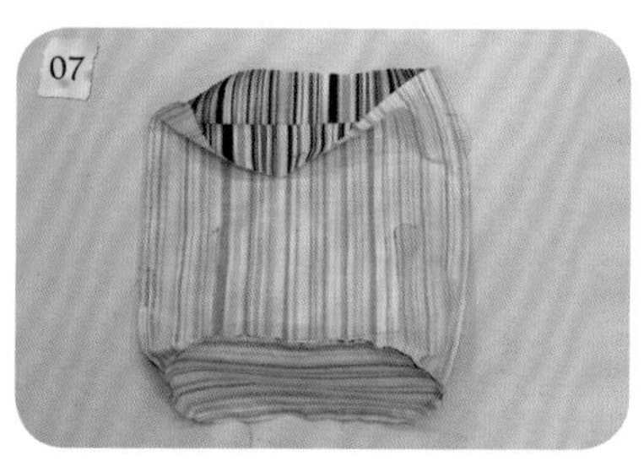

两片内里布正面对正面，左右车缝固定，预留一返口，再与底布组合（底布15cm×30cm，先烫上薄衬再依底部纸型剪下）。

完成的内袋套入完成的外袋，上缘车缝一圈固定。

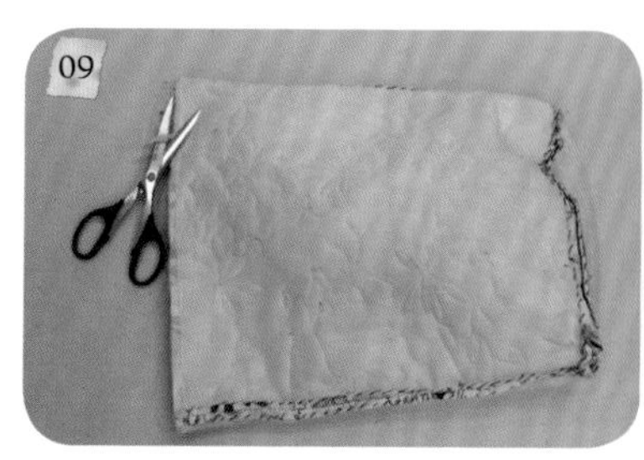

将上缘车缝一圈后缝份外的铺棉剪掉。

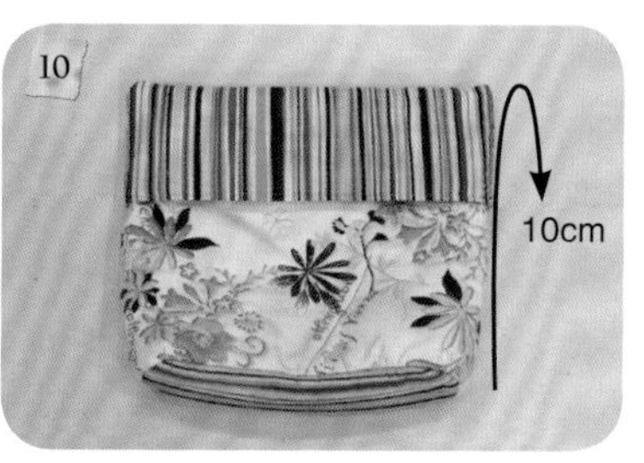

由返口翻回正面，上缘往下折10cm。

缝上提手（间距15cm）。

缝上磁扣，作品完成。

参照原寸纸型D面

旧爱最美手提包

材料：

报纸表布

袋身：24cm×32.5cm 2片
侧边上段：35cm×14cm 2片
侧边下段：35cm×25cm 2片
底布：35cm×18cm 1片
提手：55cm×8cm 2片
拉链口布：42cm×5cm 2片

灰黑色表布

装饰布：24cm×6cm 2片
滚边斜布：4cm×33cm 4片、4cm×110cm 1片
出芽斜布：3cm×33cm 4片、3cm×100cm 1片

英文字装饰布

4cm×15cm 2片

里布：120cm×110cm 1片
厚衬：180cm×110cm 1片
薄衬：30cm×110cm 1片
拉链：15cm 1条、40cm 1条、28cm 2条
PE板：31cm×14cm 1片
织带：106cm 1条
铜环：4个
鸡眼扣：21mm 8组
奇异衬：15cm×30cm 1片

做法：

01 裁剪两片24cm×6cm灰黑色装饰布及两片4cm×15cm英文字装饰布，皆烫上奇异衬。

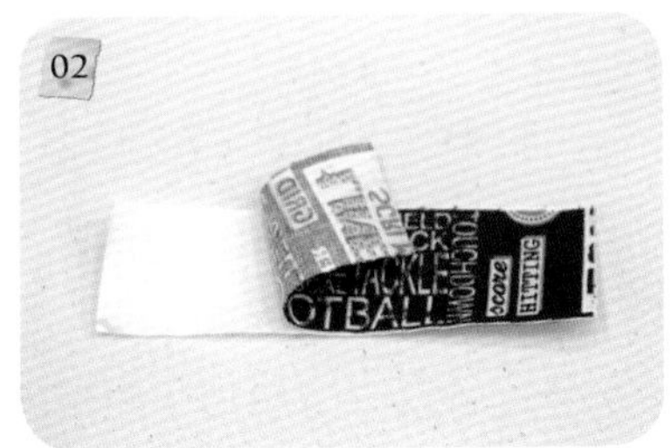

02 烫上奇异衬温度一定要够，撕开胶才会粘在布上。

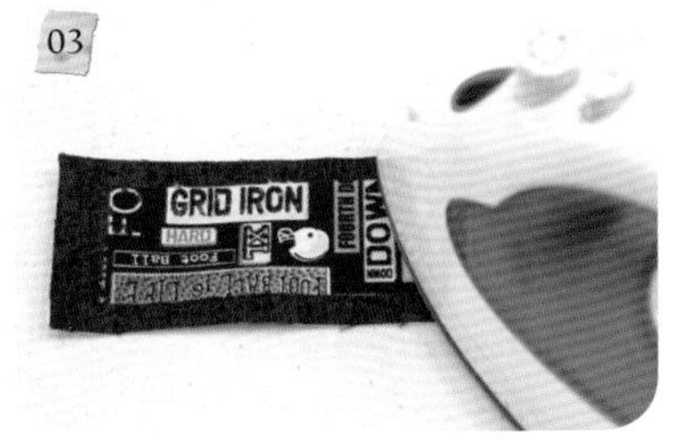

03 先将英文字烫在灰黑色装饰布上。

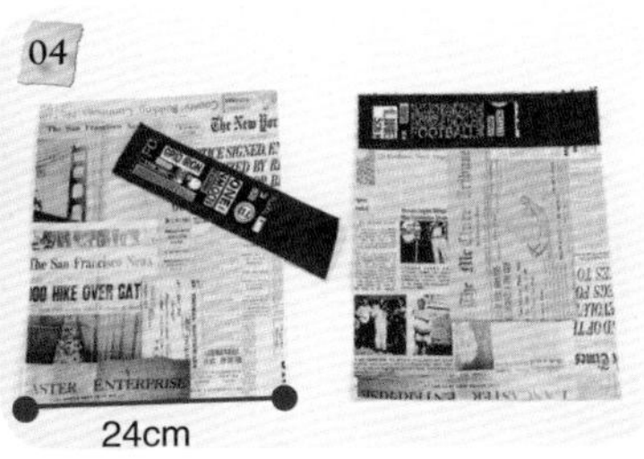

04 再将灰黑色装饰布烫于前后片烫有厚衬的袋身布（24cm×32.5cm）上。

05 将布边以密针（宽3.0mm、长0.5mm）车缝固定。

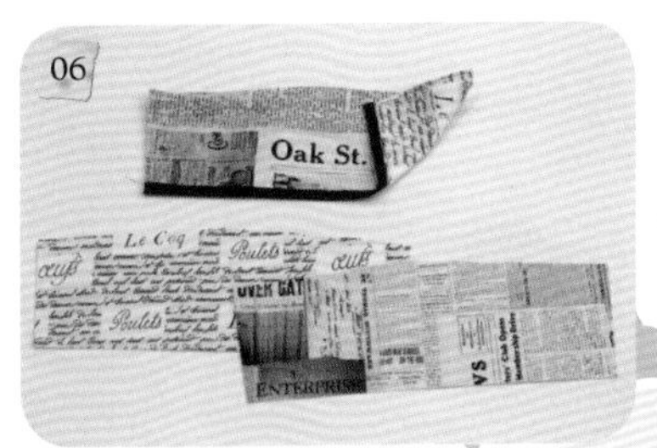

06 侧边上段表布及内里各两片，皆烫上厚衬，依纸型剪下，表与里以背面对背面固定，再车缝上滚边布。

侧边下段表布及内里各两片，皆烫上厚衬依纸型剪下，表与里以背对背固定，再车缝上滚边布。

完成上下段侧边后，再车缝上28cm的拉链。

完成拉链固定后，再裁一样大的里布烫厚衬两片，分别与侧边固定。

使用内里侧边纸型校正修齐尺寸。

前后片左右出芽（裁布3cm×33cm四片，做法参照p.155）。

前后袋身与左右侧边组合成一圈。

底布35cm×18cm一片，烫上厚衬后，依纸型裁剪。

出芽一圈（布裁3cm×100cm，做法参照p.155）。

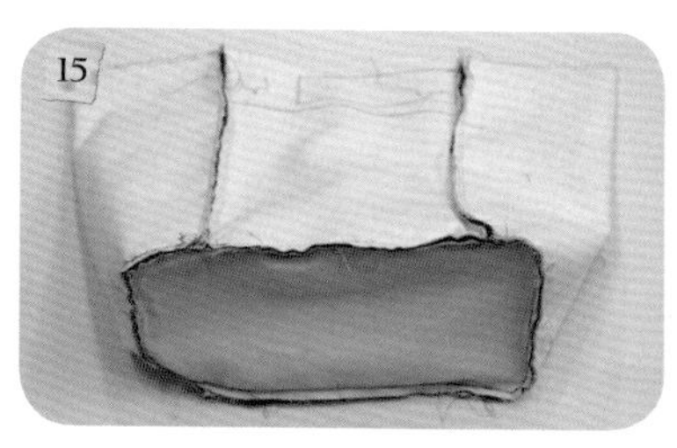

袋身与底布组合，完成外袋。

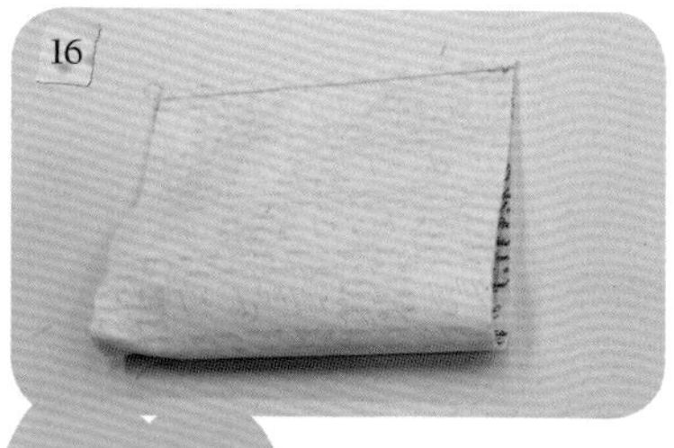

裁一片40cm×24cm内里布烫薄衬作为开放式口袋，对折后上缘车缝固定，最后翻回正面。

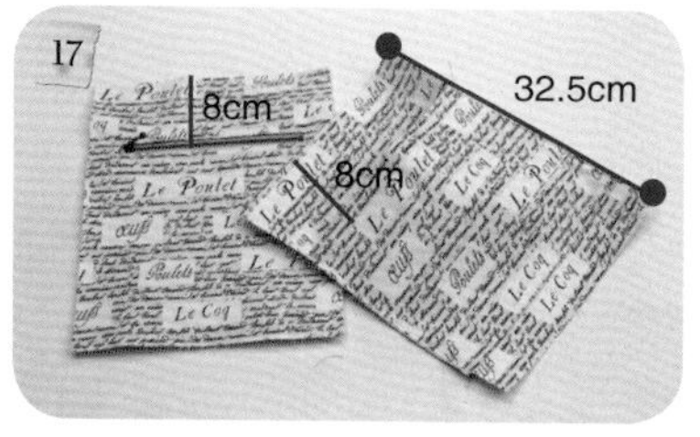

裁剪两片24cm×32.5cm内里，分别在距边8cm处车缝上15cm拉链口袋（布裁20cm×46cm，做法参照p.158），另一片则车缝上完成的开放式口袋。

内里袋身与底布（35cm×18cm烫厚衬后依纸型剪下）组合，完成内袋。

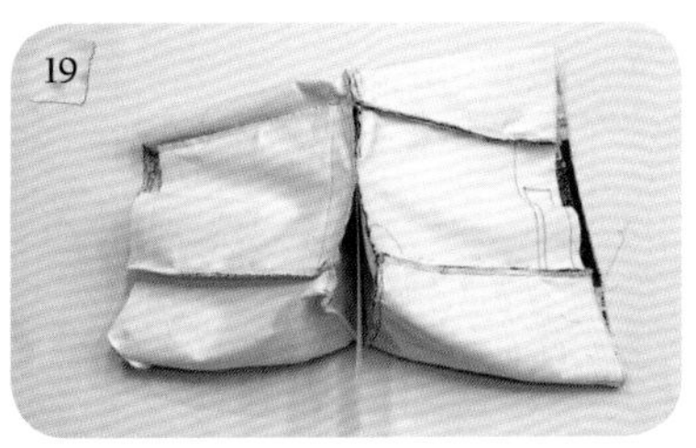

内袋与外袋底对底，缝数针固定，再置入PE板。

翻回正面，完成外袋。

完成40cm拉链口布（表布及内里各裁42cm×5cm两片，做法参照p.154）。

上缘车缝上滚边布外侧4cm×110cm，并将拉链口布车缝上，最后再缝合另一侧滚边布。

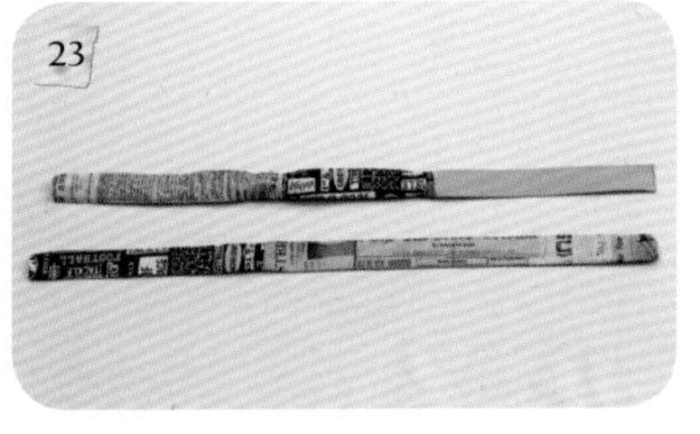

裁55cm×8cm提手布两条，对折车缝后烫平缝份，翻回正面穿入53cm织带。

两端皆折入3cm固定。

套上铜环。

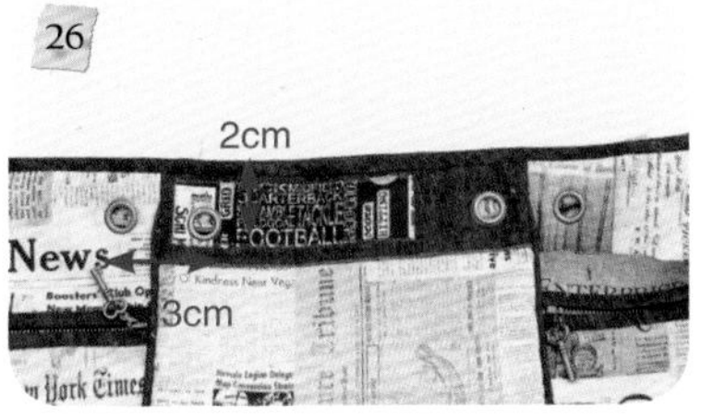

钉上21mm鸡眼扣（距上端2cm处，间距为3cm）。

缝上提手，作品完成。

璀璨新绿手提包

材料：

表布

12色：7cm×7cm 各8片
黄花：4朵
黄绿色侧边：18cm×34.5cm 4片
底布：40cm×13cm 2片

里布：70cm×110cm 1片
薄衬：110cm×110cm 1片
铺棉：45cm×100cm 1片
拉链：20cm 1条
提手：1组
奇异衬：30cm×30cm 1片

做法：

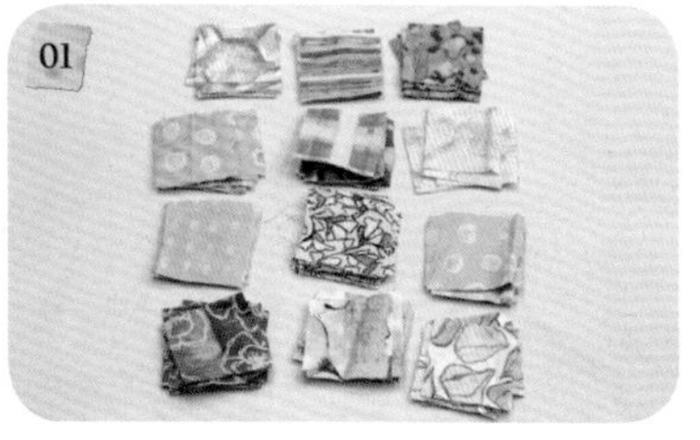

12色表布，每色裁7cm×7cm各八片。

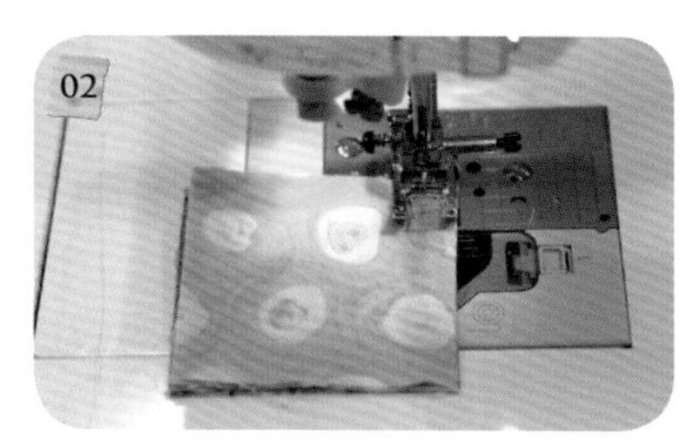

以两片重叠为一组，两色背对背由正面车缝固定，两端各预留约0.7cm不车缝。

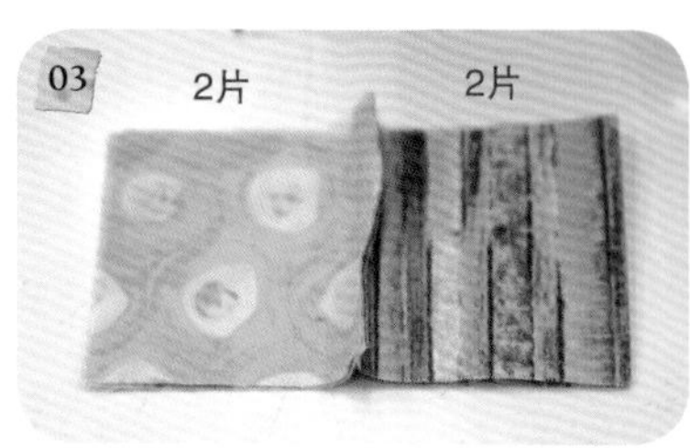

两色组合完成图。

一行一行组合完成（每片两端都是预留约0.7cm不车缝）。

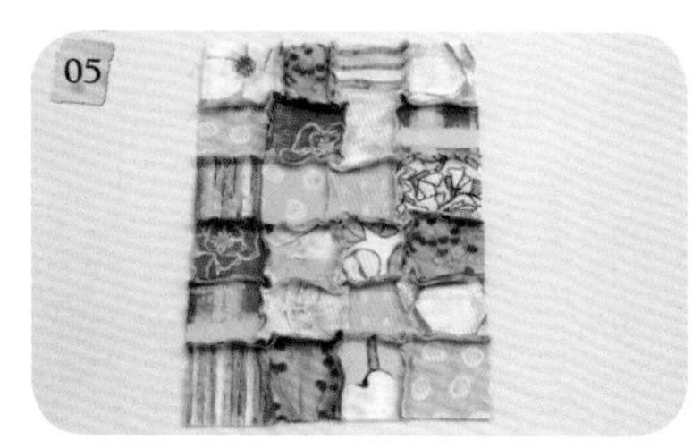

一片组合完成。

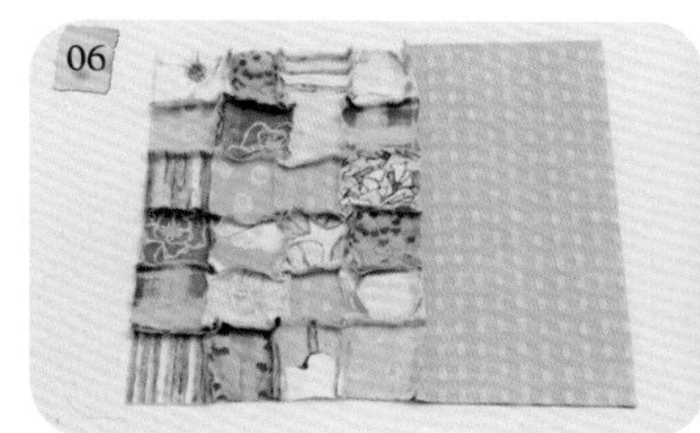

裁四片18cm×34.5cm黄绿色侧边（两片重叠为一组）组合于右侧，皆为背对背并由正面车缝。

右侧贴上花朵图（奇异衬的使用方法参照p.156），共完成前后两片袋身。

与底布40cm×13cm两片（两片重叠为一组），组合成为一片。

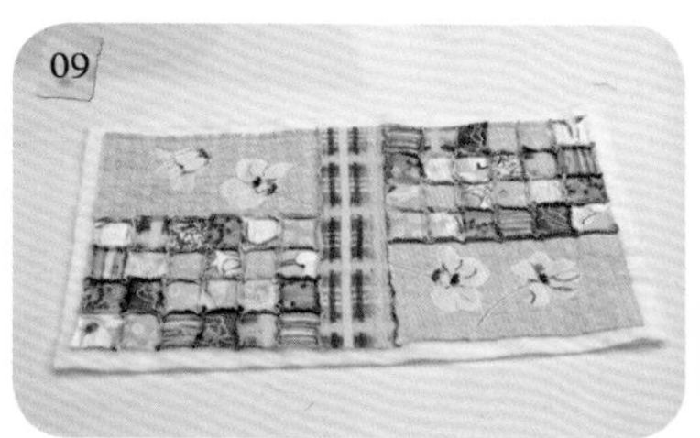

表布下直接铺棉，锦棉后烫上薄衬，并开始压线，花朵部分使用自由曲线。

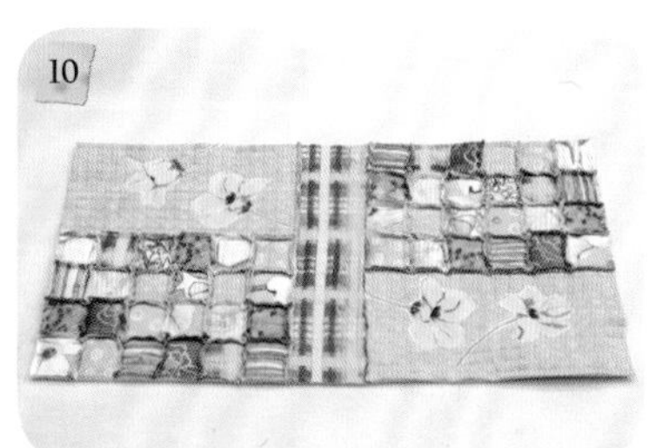

压线完成后将边修齐即可，约为78cm×39cm（每位读者压完线可能尺寸会稍有差异）。

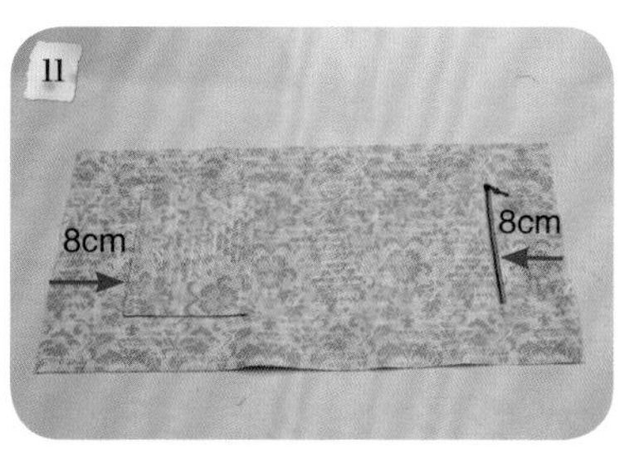

内里与表布修齐成同尺寸即可，两侧分在距边8cm处车缝上20cm拉链口袋（25cm×44cm，做法参照p.158）及开放式口袋（25cm×40cm）。

内里与表布在距边0.7cm处车缝四周固定。

将底部往内折入，左右再由正面距边0.7cm处车缝固定。

将四周接合处的铺棉修剪掉。

铺棉剪掉后，可将接合处的布抽出些纤维使其有一点毛边的效果。

最后缝上提手（间距为10cm），作品完成。

参照原寸纸型B面

秋色盈金裙袋手提包

材料：

花表布

袋身：40cm×30cm 2片
侧边：16cm×28cm 2片
前后口袋：50cm×20cm 2片
拉链口布：37cm×5cm 2片
蝴蝶结带子：55cm×4cm 2片

绿色表布

底布：40cm×16cm 1片
侧边外口袋：36cm×22cm 2片
前口袋装饰带：20cm×8cm 4片
横条装饰带：35cm×8cm 2片
提手：45cm×8cm 2片

里布：100cm×110cm 1片
薄衬：170cm×110cm 1片
厚衬：20cm×110cm 1片
铺棉：60cm×130cm 1片
拉链：35cm 1条、20cm 1条
磁扣：4颗
PE板：11cm×32cm 1片
织带：30cm×90cm 1条
包扣：24mm 4颗
鸡眼扣：10mm 4颗

做法：

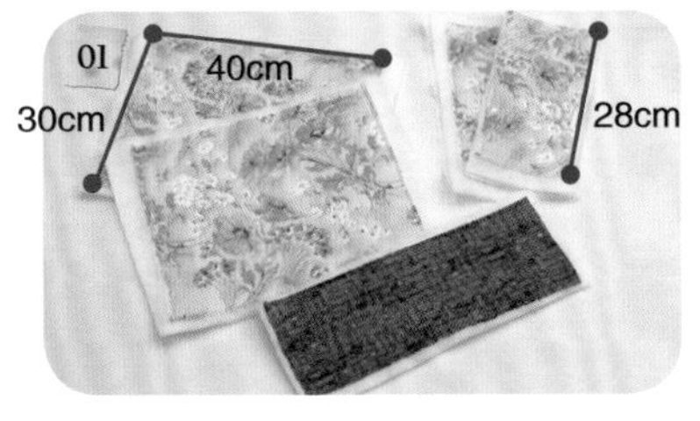

袋身表布40cm×30cm两片、侧边16cm×28cm两片、绿色底布40cm×16cm一片，烫上薄衬后铺棉再烫薄衬共四层，最后开始压线。

袋身表布依纸型裁齐，侧边裁齐为14cm×25.5cm两片，绿色底布裁齐为14cm×38cm一片。

裁剪20cm×8cm四片前口袋装饰带，对折车缝后烫开缝份。

翻回正面，烫平。

前后口袋表布裁剪50cm×20cm两片，烫厚衬后再依纸型上标示位置，车缝上装饰带。

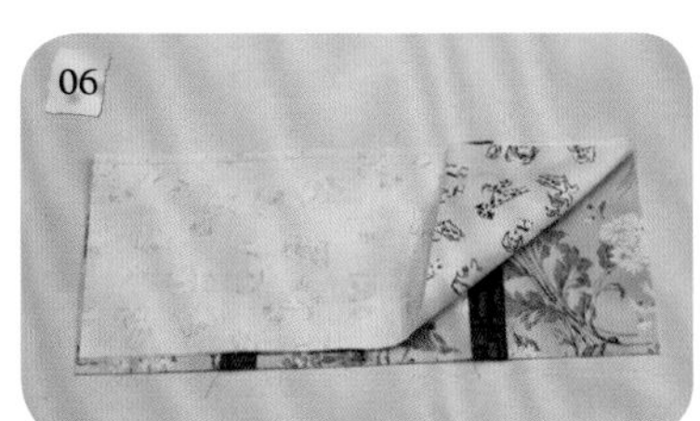

前后口袋内里布裁剪成50cm×18cm两片，烫薄衬后与前后口袋表布正面对正面，上缘处车缝固定。

翻回正面，底部对齐烫平（内里较短，故表布会往下，口袋边会较美）。

依纸型标示打褶记号打褶，烫平并在距边0.2cm处车缝一道，使口袋较有立体感。

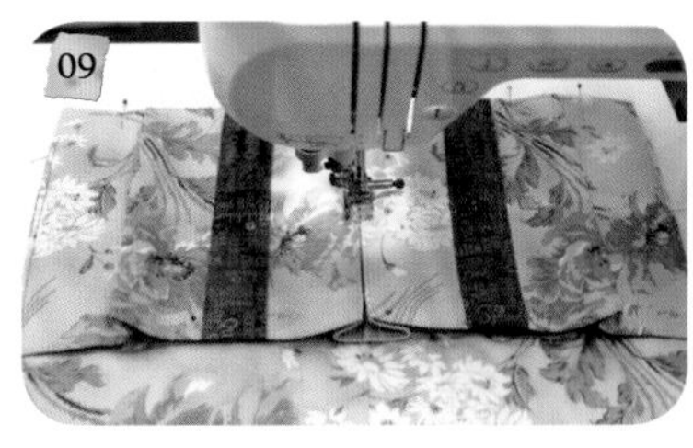

前后口袋中线车缝，固定于前后袋身。

固定后完成图。

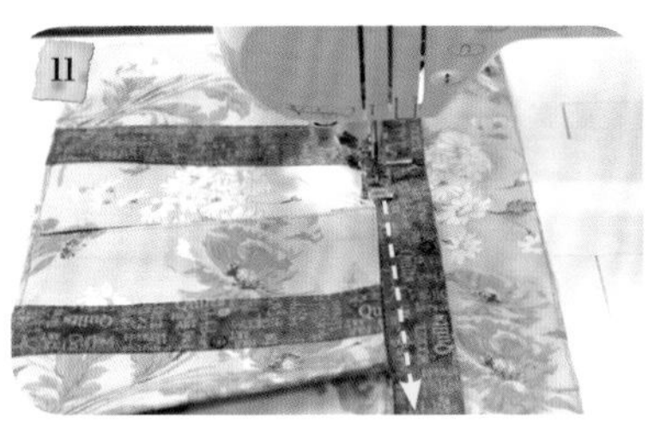

裁横条装饰带8cm×35cm两片，对折车缝后烫开缝份，翻回正面，车缝固定于口袋上方的袋身（仅车缝下缘）。

固定于口袋上方的袋身（仅车缝下缘）完成图。

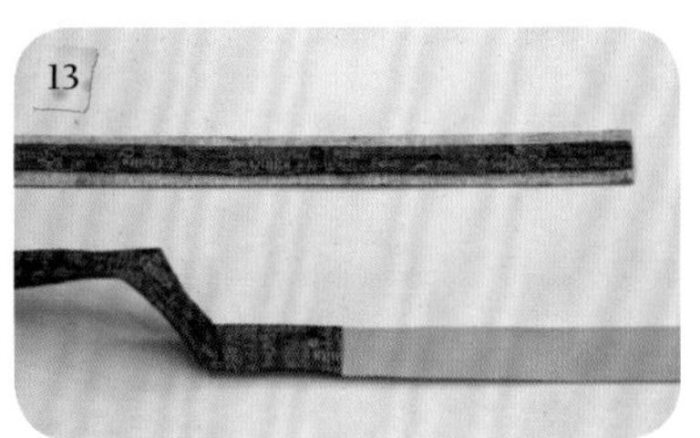

提手布8cm×45cm两片，对折车缝后烫开缝份，翻回正面，穿入3cm×45cm织带。

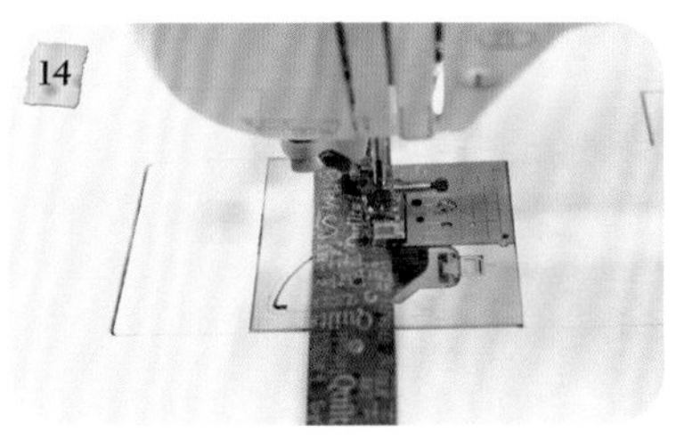

穿入织带后，左右于距边0.5cm处车缝固定。

将提手穿入横条装饰带，车缝固定（对齐口袋的装饰带）。

车缝横条装饰带上缘，完成提手固定。

完成前后两片袋身。

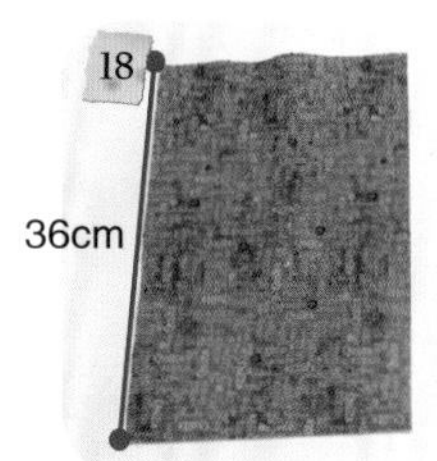

侧边外口袋36cm×22cm两片，烫薄衬，对折后依纸型打褶记号打褶。

再将外口袋固定于侧身。

再与底部接合。

再与前后袋身组合，接合处拨开缝份后以卷针缝缝合会使包较挺。

翻回正面完成外袋。

口袋中心点钉上磁扣。

磁扣上方缝上包扣装饰。

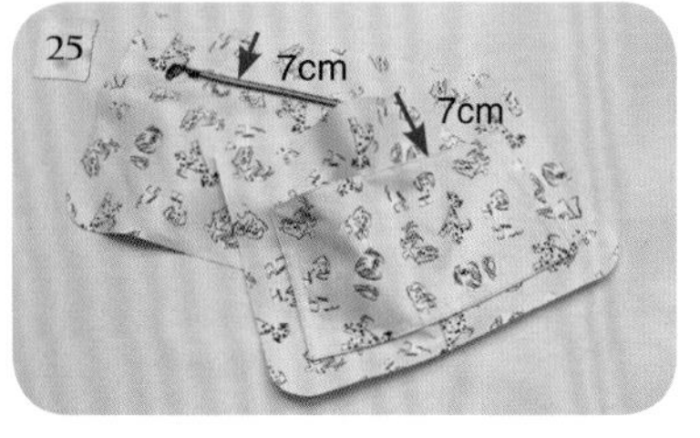

内里烫薄衬，依袋身纸型裁齐两片，分别在距边7cm处车缝上25cm拉链口袋（布裁30cm×40cm，做法参照p.158），另一片车缝上开放式口袋（裁布25cm×40cm）。

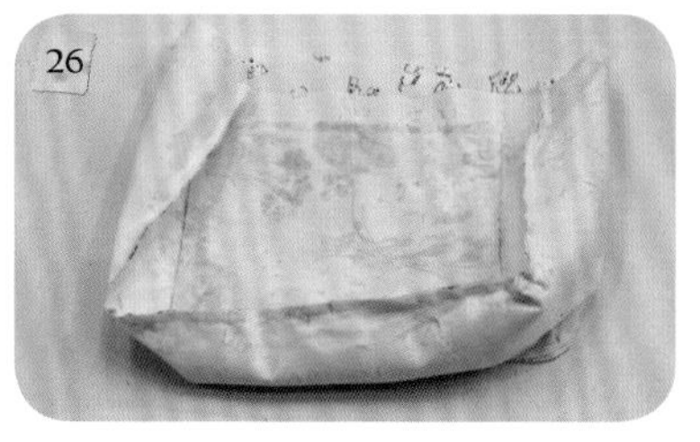

侧边内里14cm×86cm烫薄衬，与前后袋身组合，完成内袋。

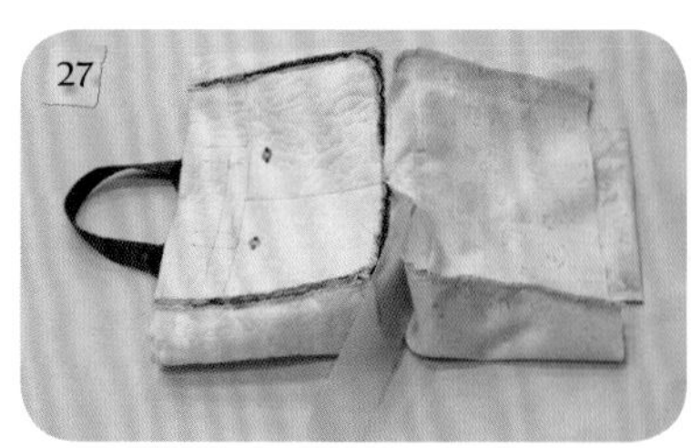

内袋与外袋，底对底缝数针固定后再置入PE板。

翻回正面，在距上缘0.5cm处车缝一圈固定。

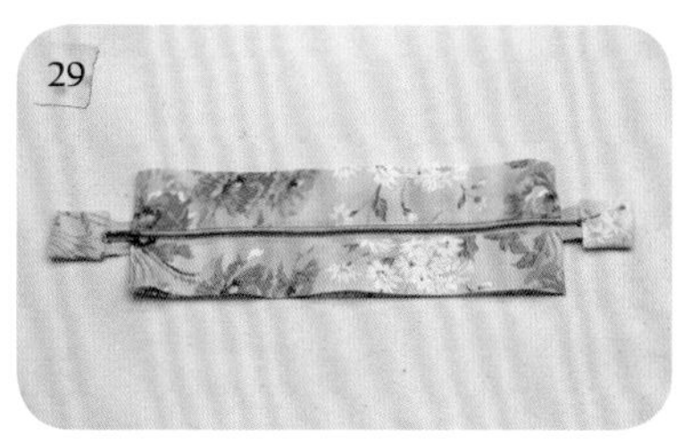

制作35cm拉链口布（裁剪5cm×37cm表布及里布各两片，做法参照p.154）。

先车缝上滚边布外侧，再将拉链口布车缝固定。

再缝合滚边布另一侧。

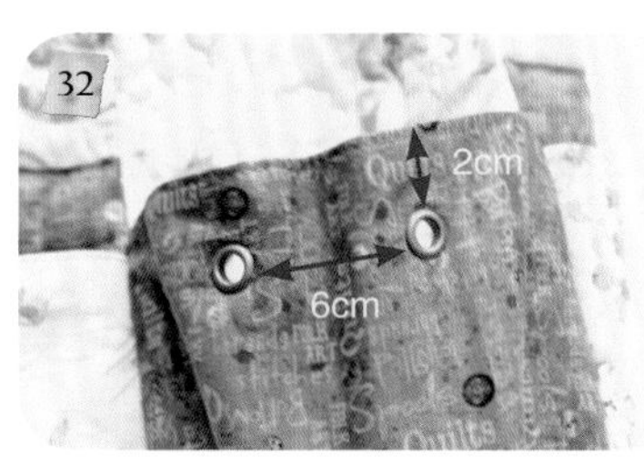

口袋钉上鸡眼扣（距边2cm，间距6cm）。

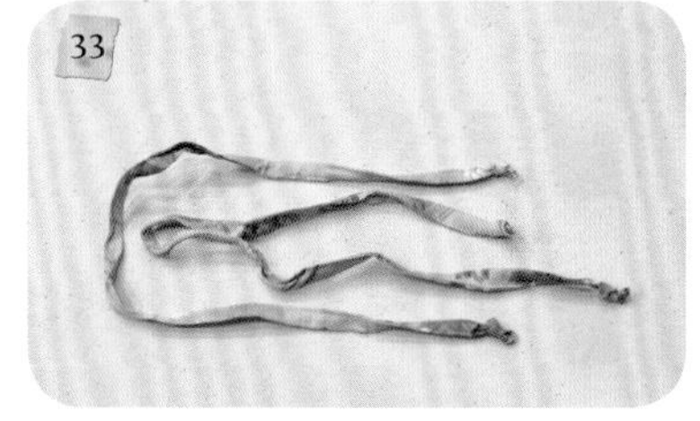

4cm×55cm蝴蝶结带子两片，以红色滚边器烫后对折车缝。

穿上蝴蝶结带子，完成作品。

参照原寸纸型C、D面

紫色情缘大背包

材料：

紫色花表布

袋身：38cm×43cm 2片

侧边：27cm×43cm 2片

侧边口袋：23cm×30cm 2片

蝴蝶结：140cm×15cm 1片

黑灰配色布

底布：46cm×18cm 1片

装饰提手：45cm×8cm 4片

提手：55cm×8cm 2片

里布：100cm×110cm 1片

薄衬：230cm×110cm 1片

厚衬：30cm×50cm 1片

铺棉：80cm×120cm 1片

拉链：20cm 1条

织带：3cm×104cm 1条

PE板：14cm×41cm 1片

口形环：3cm 4个

磁扣：1组

做法：

袋身表布38cm×43cm两片，烫上薄衬后铺棉，再烫薄衬共四层，最后开始压线。

压线完成依前后袋身纸型裁齐。

侧边27cm×43cm两片，烫上薄衬后铺棉，再烫薄衬共四层，最后开始压线。

压线完成后依侧边纸型裁齐。

底布46cm×18cm一片，烫上薄衬后铺棉再烫薄衬共四层，最后开始压线。

压线完成再依底部纸型裁齐。

侧边口袋23cm×30cm依纸型剪裁表布两片，烫上厚衬，内里两片烫上薄衬。

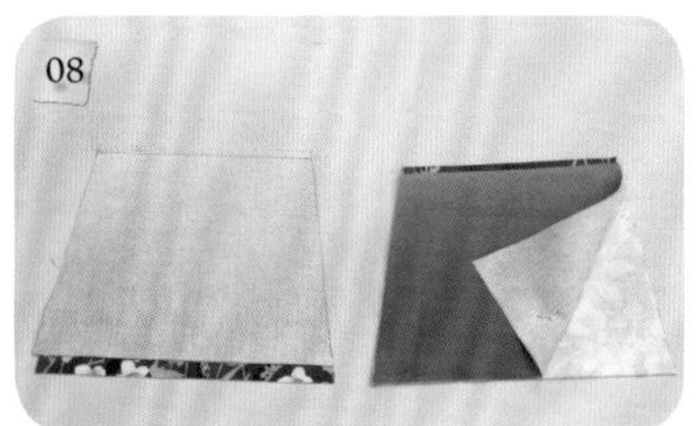

表布与内里正面相对，上缘车缝一道固定线，翻回正面，底部对齐烫平（内里较短，表布会往下，口袋边会较美）。

底部对齐烫平的侧边口袋，依打褶线打褶车缝固定，再固定于侧边。

10
侧边与前后片组合成一片。

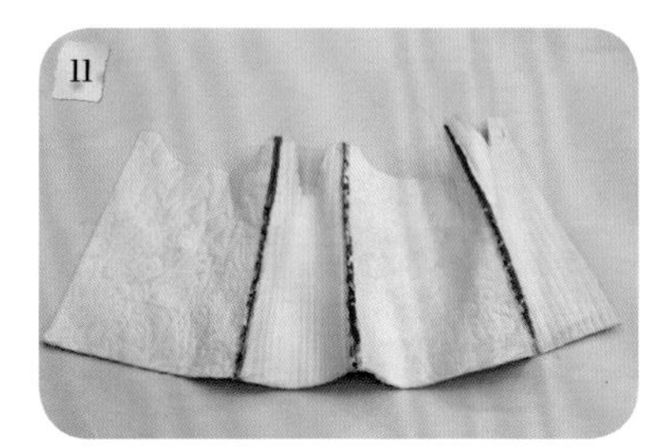
11
组合处拨开缝份以卷针缝缝合，包会较挺。

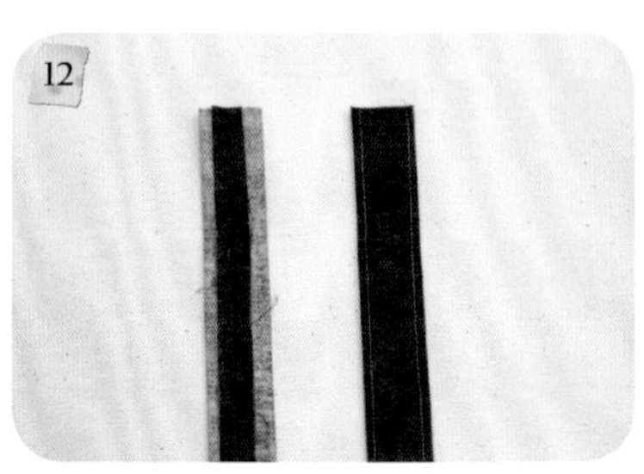
12
裁剪装饰提手布8cm×45cm四片，对折车缝，拨开缝份烫平，翻回正面，左右在距边0.5cm处车缝固定。

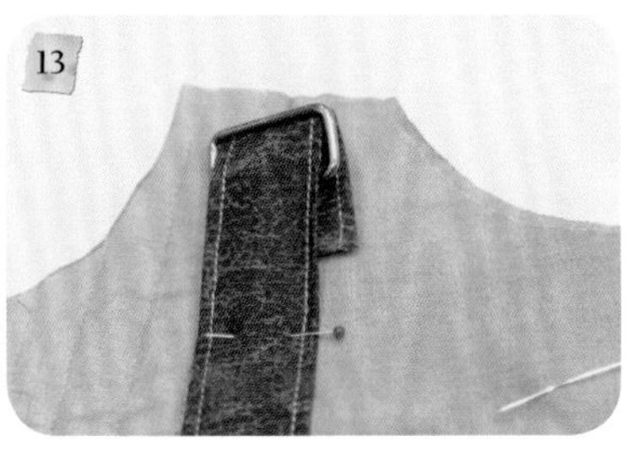
13
装饰提手放于接合处，穿过口形环，口形环与上缘布边对齐，提手往下折4cm固定。

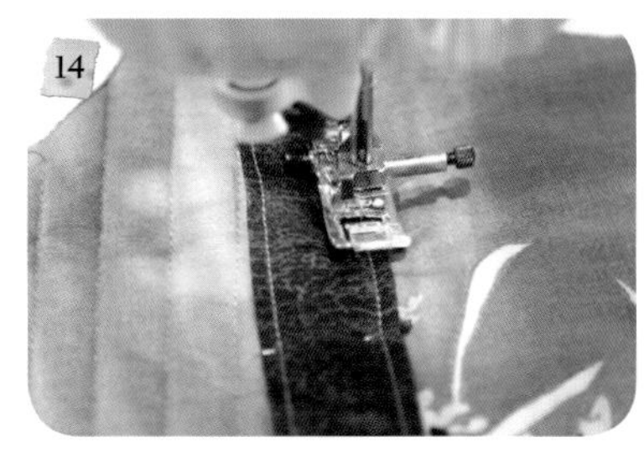
14
提手左右两侧车缝固定。

15
先将三个接合处皆车缝上提手。

16
再组合最后一道的袋身及侧边。

17
组合处拨开缝份后以卷针缝缝合。

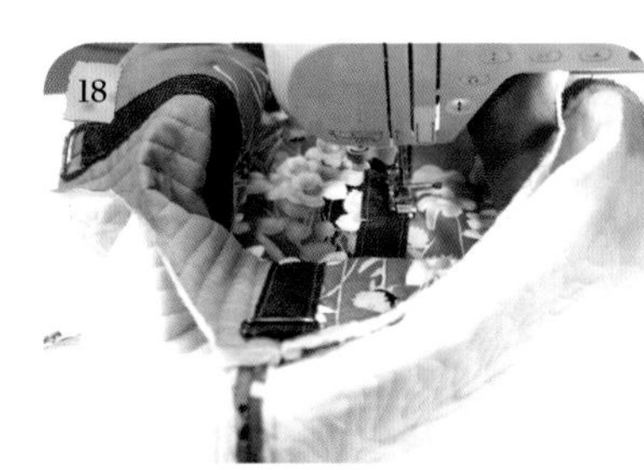
18
车缝上最后一条装饰提手。

19
完成四条装饰提手正面图。

20
与底布组合，拨开缝份并以卷针缝缝合。

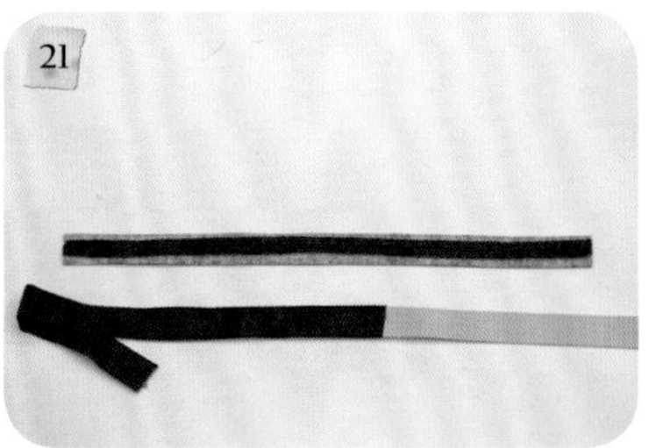
21
裁剪两片8cm×55cm提手布，对折车缝，拨开缝份烫平，翻回正面，穿入长3cm×52cm织带。

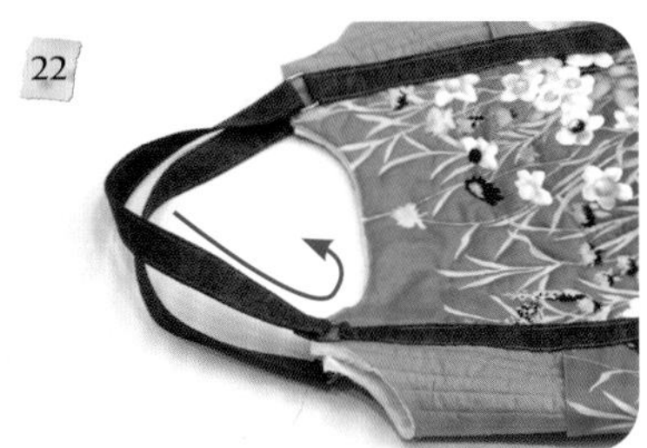

左右分别穿过口形环，反折后车缝固定。

裁内里前后袋身布，烫上薄衬，再依纸型剪下，一片车缝上20cm拉链口袋（布裁25cm×50cm，做法参照p.158）。

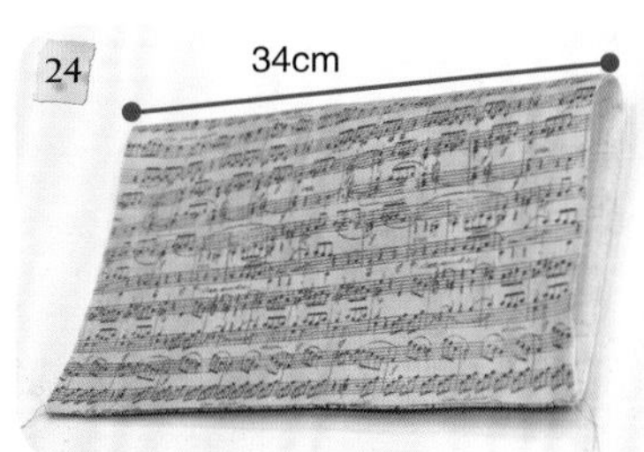

裁34cm×40cm开放式口袋布，烫薄衬后对折车缝翻回正面烫平。

固定于另一片内里袋身，剪掉侧边多余的布。

裁侧边内里布、底部，烫上薄衬后再依纸型剪下。

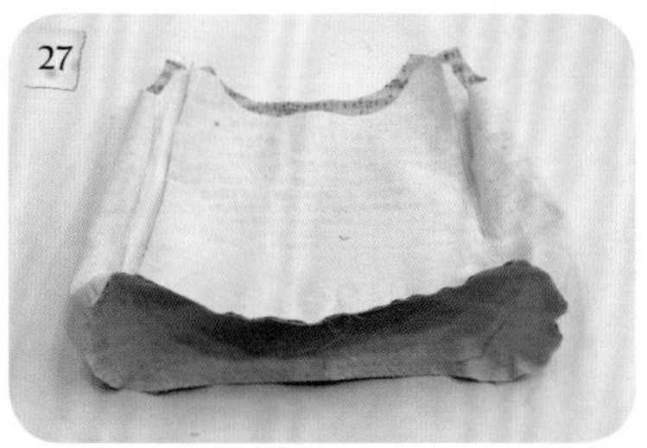

侧边与前后袋身组合，再与底部组合后即完成内袋。

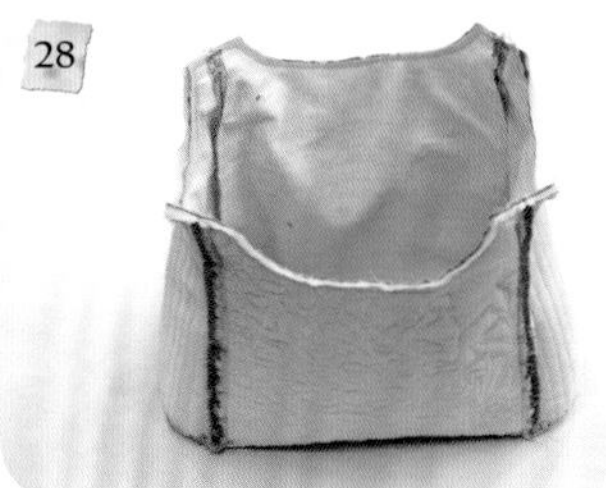

内袋套入外袋，正面相对，于上缘处车缝一圈固定。

上缘车缝一圈固定后，修剪缝份棉。

由返口翻回正面，于上缘距边0.5cm处车缝一圈固定。

裁剪一片15cm×140cm蝴蝶结布，对折后车缝，中间预留一小返口，两端车缝45度角斜线。

由返口翻回正面完成蝴蝶结布条。

袋口缝上磁扣，作品完成图。

参照原寸纸型C面

迷漾森林手提包

材料：

表布

袋身A、B、C依图示尺寸裁剪

浅格子布

侧边布：24cm×40cm 2片

蓝圆点布

侧边扣带：15cm×7cm 2片

滚边斜布：4cm×10cm 2片、4cm×125cm 1片

蝴蝶结：10cm×8cm 2片

装饰布：1.5cm×5cm 2片

咖啡布

拉链加长布：7cm×13cm 2条

里布：60cm×110cm 1片

薄衬：120cm×110cm 1片

铺棉：40cm×150cm 1片

拉链：18cm 1条、45cm 1条

磁扣：14mm 2组

提手：1组

PE板：30cm×12cm 1片

做法：

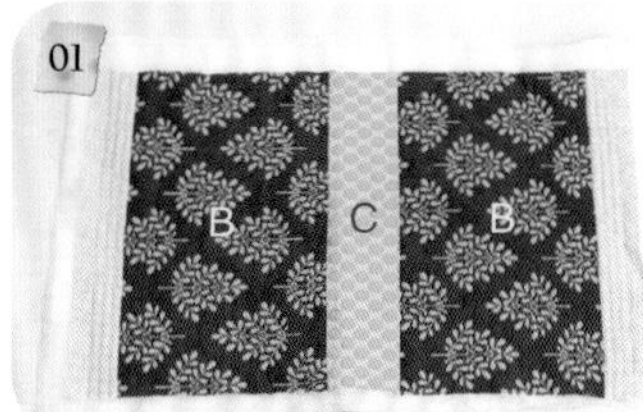

A布6cm×35cm两片、B布23.5cm×35cm两片、C布9.5cm×35cm一片，组合成为一片，烫上薄衬后铺棉，再烫薄衬共四层，压线完成后裁齐为57cm×33cm。

侧边布24cm×40cm两片，烫上薄衬后铺棉，再烫薄衬共四层，最后开始压线。

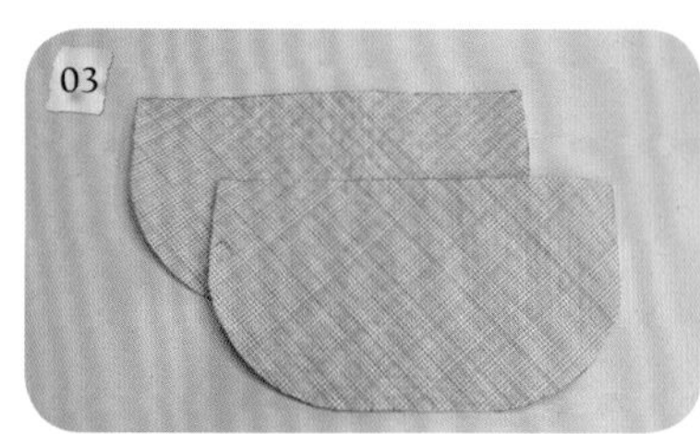

依侧边表布纸型剪下。

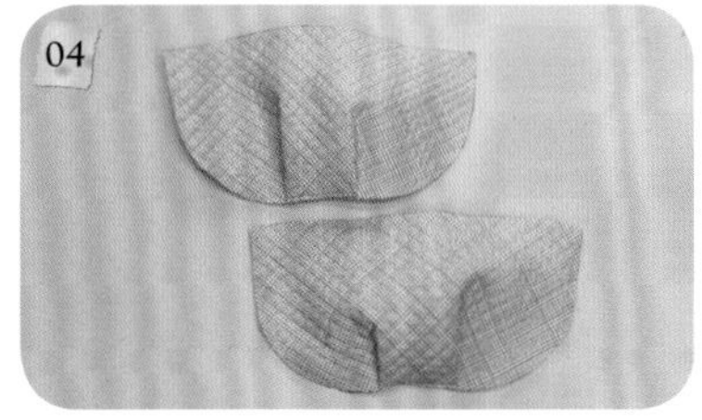

依打褶记号打褶固定。

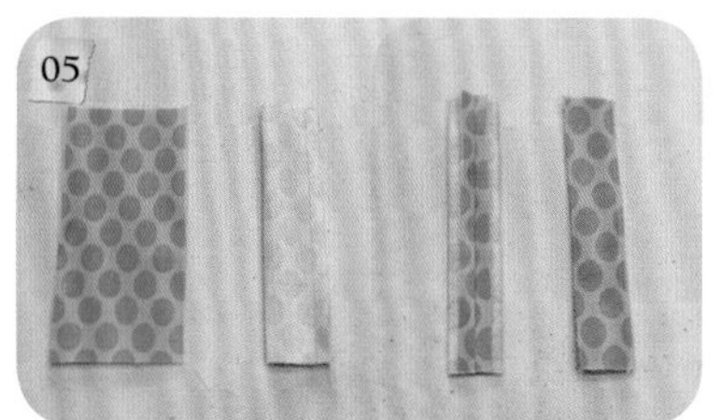

侧边扣带15cm×7cm两片，烫薄衬，对折后车缝，拨开缝份烫平，最后翻回正面。

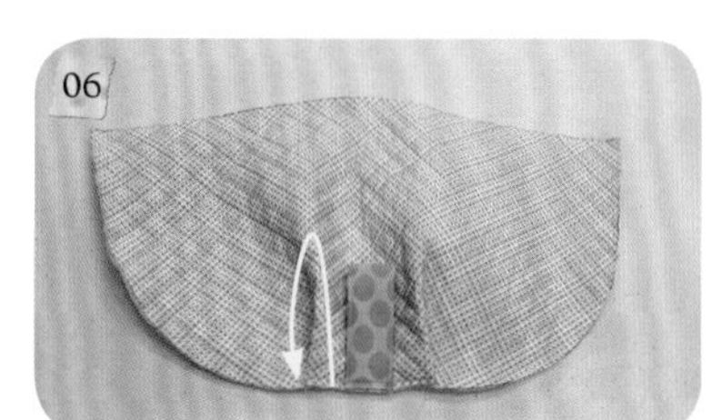

侧边扣带对折后，车缝固定于中心点。

将袋身与侧边组合车缝，拨开缝份后以卷针缝缝合（可使包较挺）。

翻回正面完成外袋。

裁两条7cm×13cm拉链加长布，对折后车缝。

翻回正面。

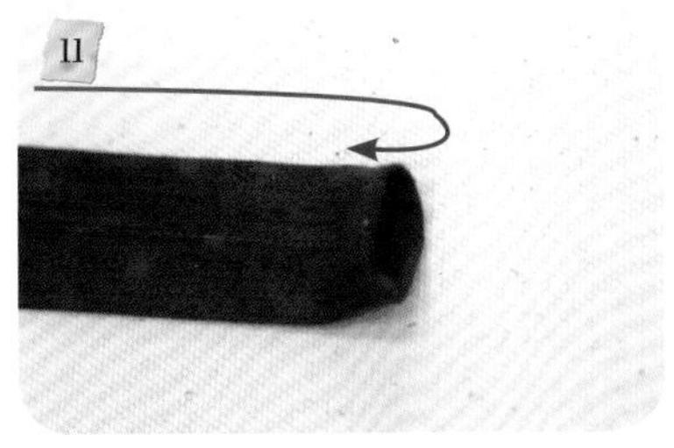

一端往内折入1cm。

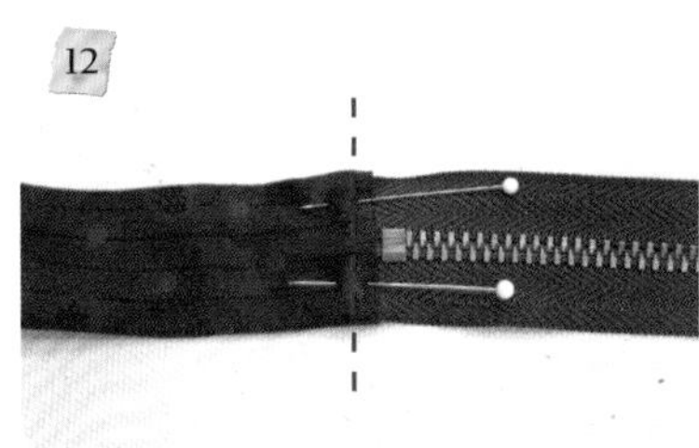

折入端套上45cm长拉链，车缝固定。

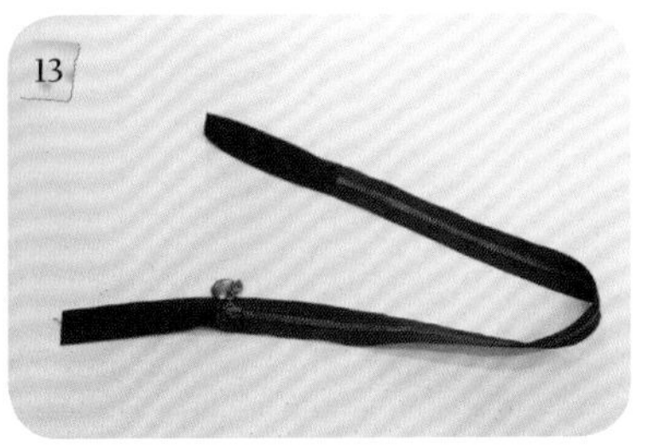

拉链两端套入加长布后修齐成为64cm。

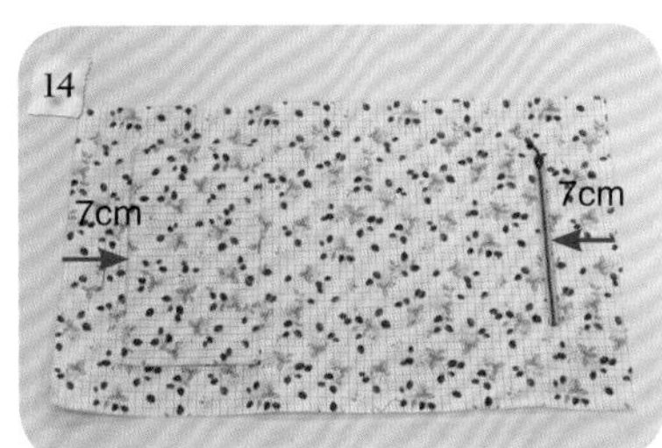

内里布33cm×57cm烫薄衬，两端分别在距边7cm处车缝18cm拉链口袋（23cm×30cm，做法参照p.158），另在距边7cm处车缝开放式口袋（25cm×30cm）。

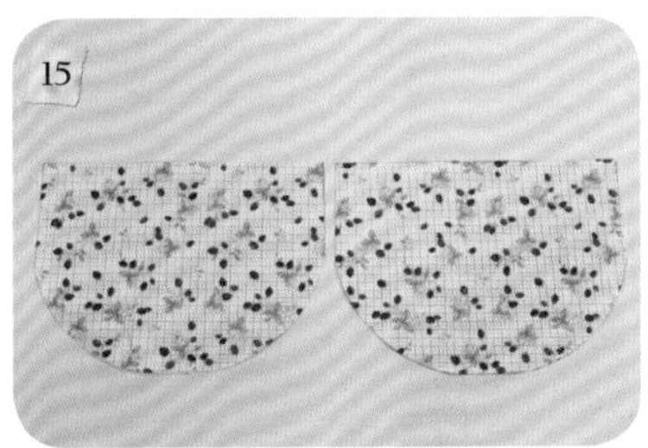

裁剪两片23cm×32cm侧边内里布，烫上薄衬后再依侧边内里纸型剪下。

内里袋身与侧边组合成内袋。

将内袋套入外袋，在距上缘边0.5cm处车缝一圈固定。

上缘包上一圈滚边布（4cm×125cm）。

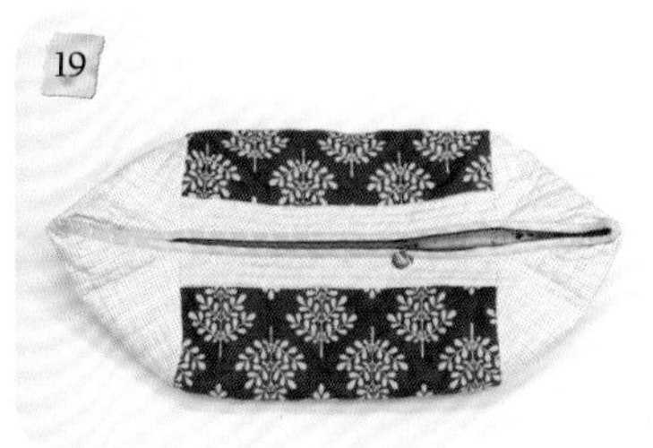

再缝合加长为64cm的拉链（车缝或手缝）。

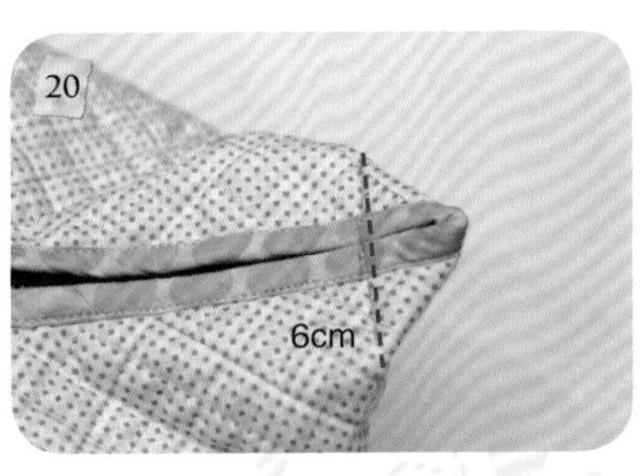

拉链两端截角6cm。

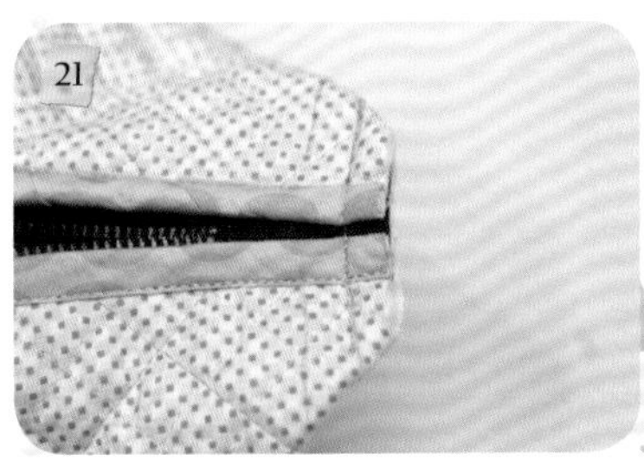

截角后留下0.7cm缝份。

包上4cm×10cm滚边布。

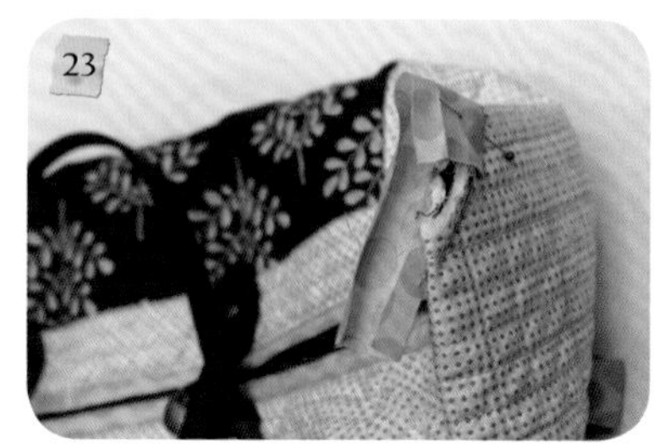
两端滚边布往内折。

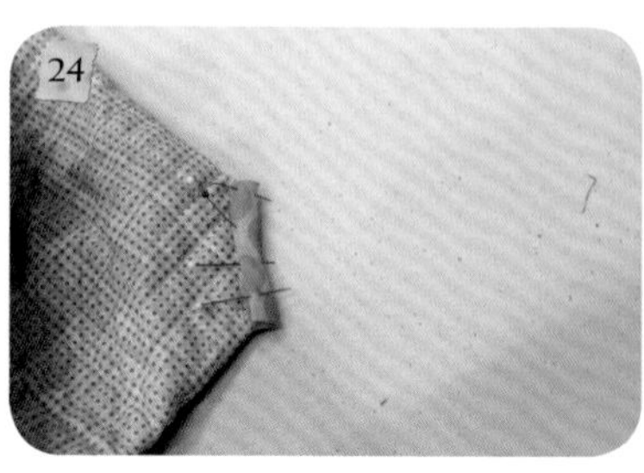
以珠针固定，完成滚边缝合。

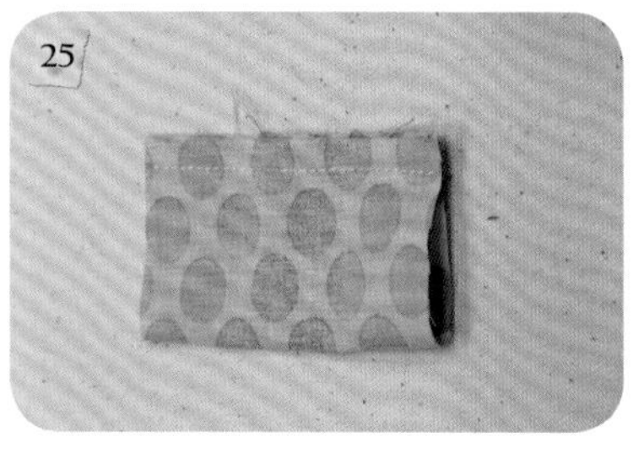
裁蝴蝶结布10cm×8cm两片，对折后车缝，并预留一小返口。

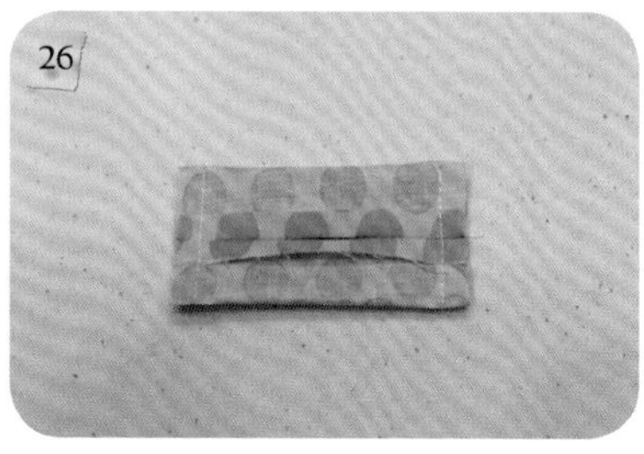
拨开缝份烫平，两端车缝固定。

翻回正面，中间缩缝固定。

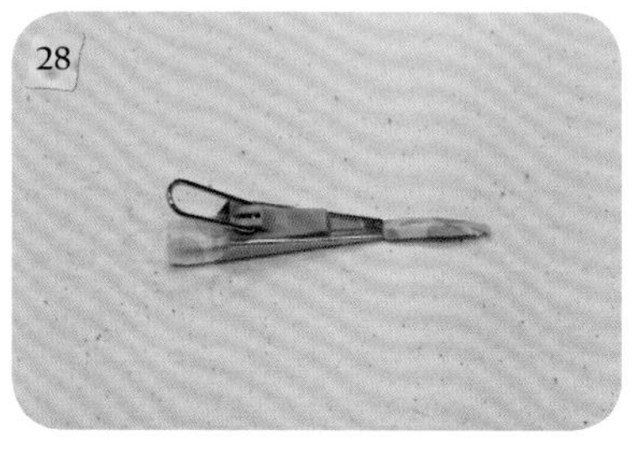
裁装饰布1.5cm×5cm两片（使用绿色滚边器制作）。

将装饰布缝在蝴蝶结上。

固定在侧扣带上并缝上磁扣。

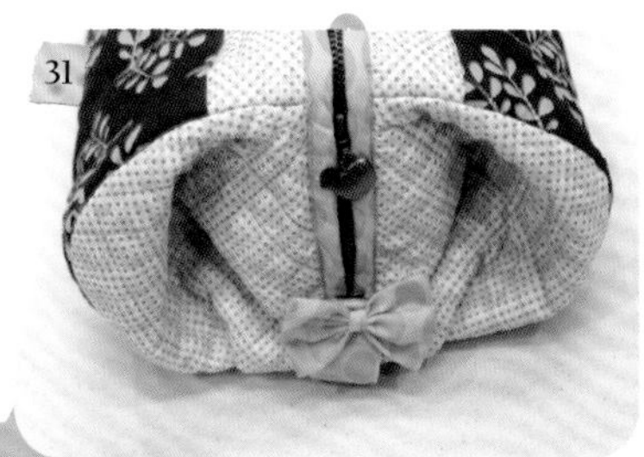
侧边完成图。

缝上提手（间距9cm）完成作品。

参照原寸纸型A面

波浪曲奇时尚包

材料：

表布A

咖啡底白字：8cm×70cm 2片

底布：42cm×13cm 1片

侧边：25cm×30cm 1片

表布B

灰底图案：8cm×70cm 3片

侧边口袋：25cm×25cm 1片

表布C

咖啡底白花：8cm×70cm 3片

拉链口布：38cm×5cm 2片

蝴蝶结：15cm×110cm 1片

表布D

米底咖啡字：8cm×70cm 2片

铺棉：45cm×130cm 1片

深咖啡布

滚边斜布：4cm×11cm 2片、4cm×67cm 2片、4cm×42cm 2片

里布：75cm×110cm 1片

薄衬：180cm×110cm 1片

拉链：15cm 1条、40cm 1条

提手：1组

PE板：11cm×34cm 1片

包扣：24mm 4颗

做法：

四种颜色布，A、D 8cm×70cm各两片，B、C 8cm×70cm各三片。

布条依C+D、D+C、C+B、B+A、A+B两片正面对正面，于上下两边车缝固定。

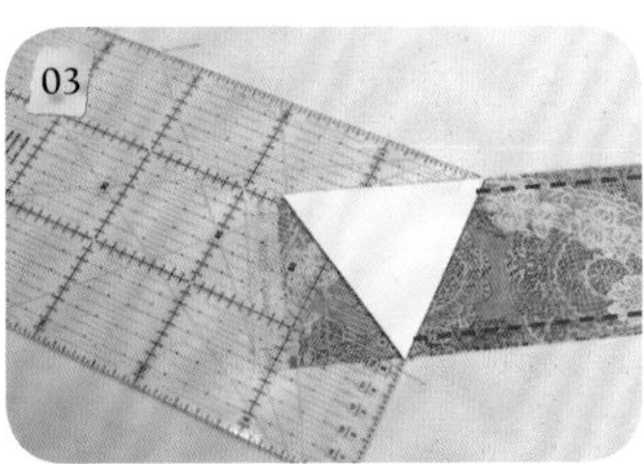

将纸型贴于尺上，对齐布条后裁布。

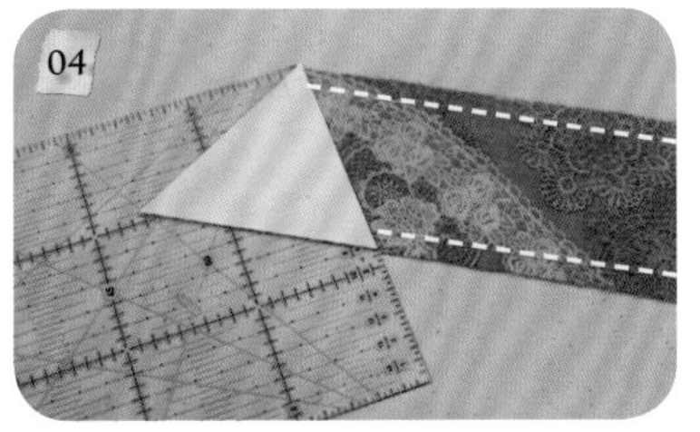

一片片裁下。

裁下的三角形。

打开烫平。

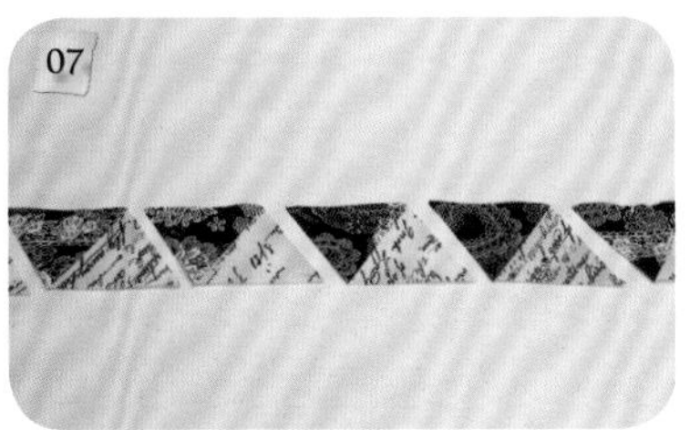

烫开的菱形放平排列成一行。

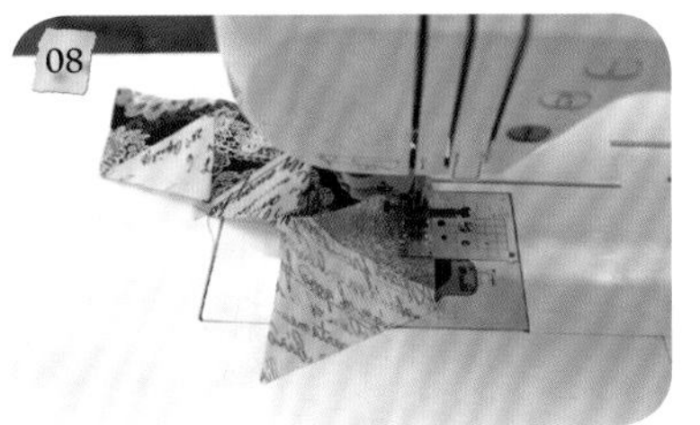

排列一行的布片车缝固定。

一行一行的布片依上图排列。

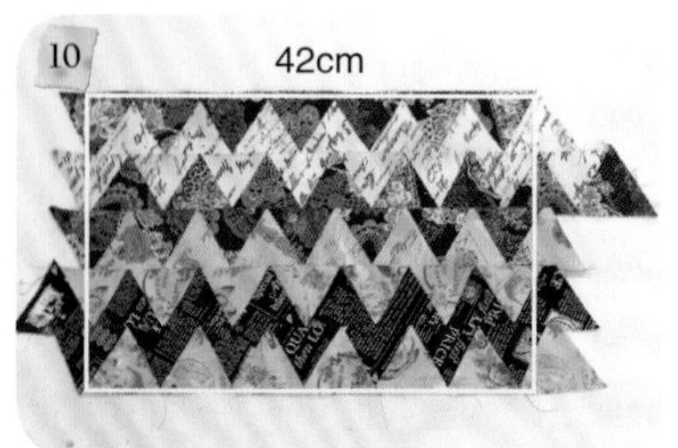

一行一行组合，宽裁为42cm，高则沿边即可。

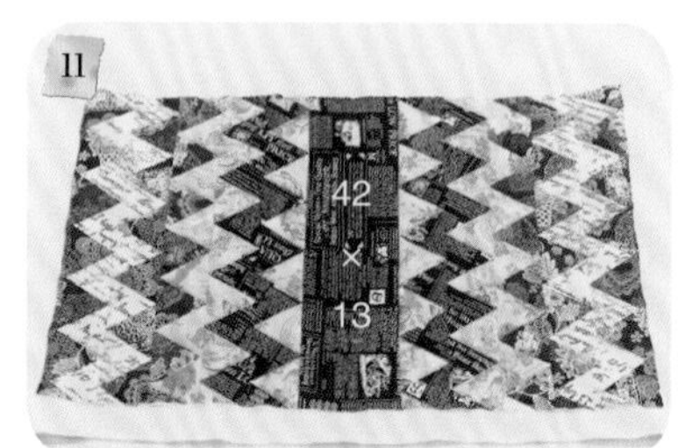

底布裁42cm×13cm一片，与前后片组合完后，烫上薄衬后铺棉，再烫薄衬共四层，最后开始压线。

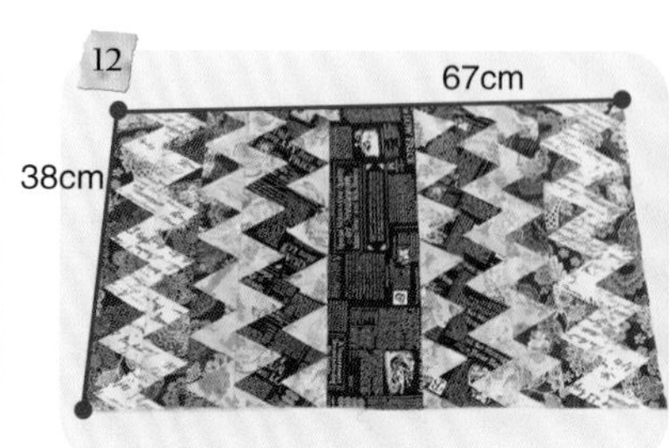

压完线后裁齐为38cm×67cm。

侧边布30cm×25cm一片，烫上薄衬后铺棉，再烫上薄衬，最后开始压线。

压线完成后裁剪成两片26cm×11cm侧边布。

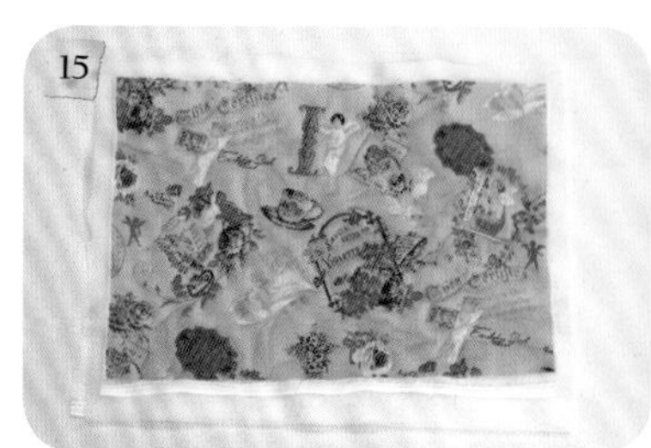

侧边口袋表布25cm×25cm一片，烫上薄衬后铺棉，再烫薄衬共四层，最后开始压线。

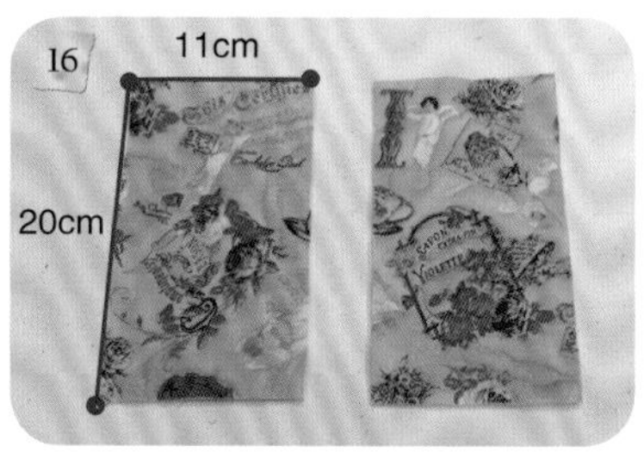

裁成两片20cm×11cm侧边口袋表布。

裁两片19cm×11cm侧边口袋内里，烫上薄衬。

侧边口袋表布与内里正面对正面，上端车缝固定，剪去缝份外的棉。

翻回正面底部对齐（内里较短故表布会往下，袋口边会较美），四周距边0.5cm处车缝固定，完成侧边口袋。

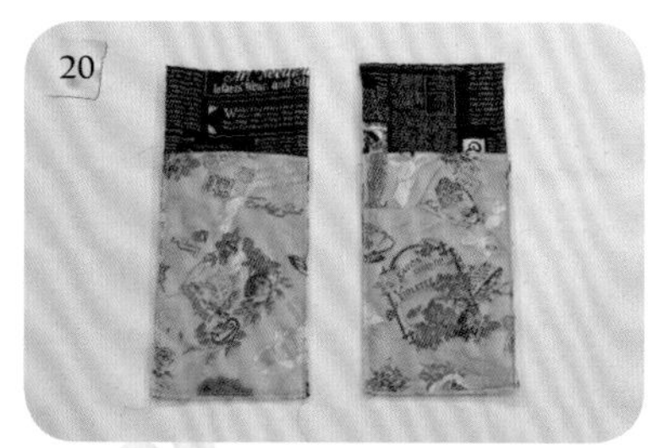

将完成的侧边口袋固定于侧边上。

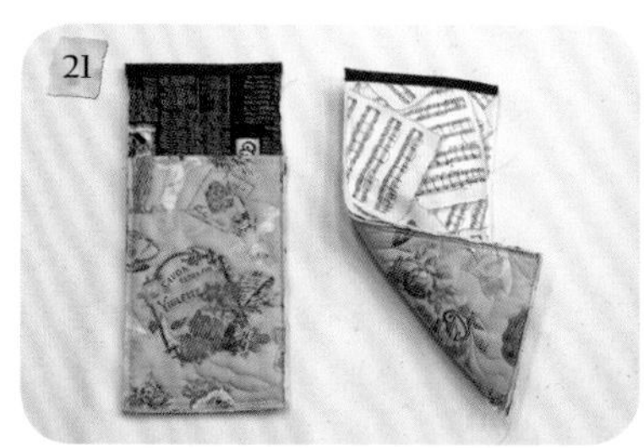

裁剪两片26cm×11cm侧边内里，烫薄衬后与侧边背面对背面，于上端车缝上滚边布（4cm×11cm）。

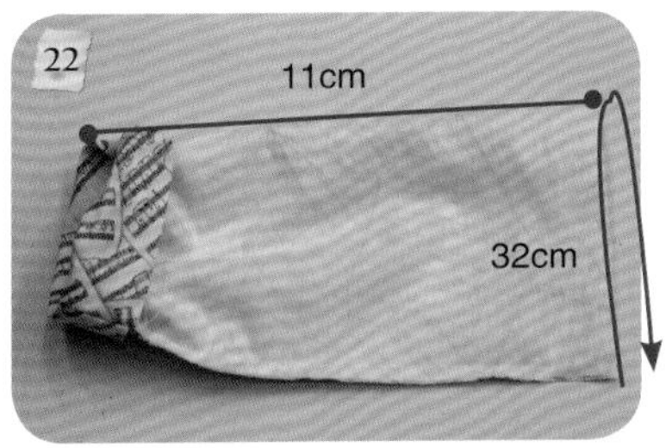

38cm×32cm开放式口袋烫薄衬，对折后车缝固定。

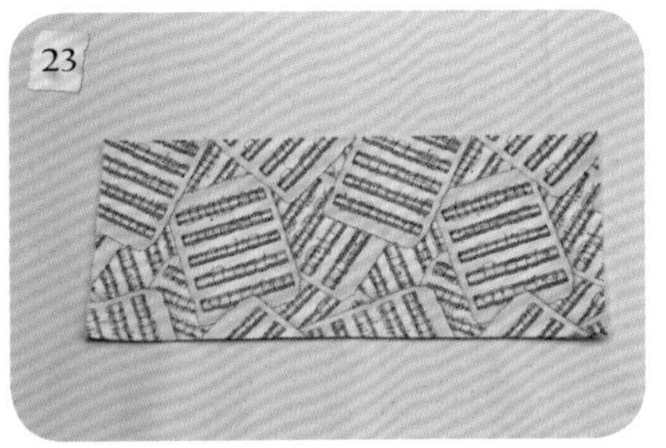

翻回正面烫平。

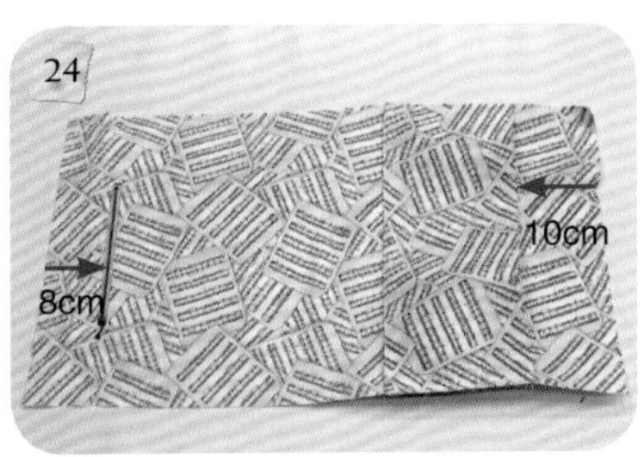

裁38cm×67cm内里，烫薄衬后分别在距两端8cm处车缝15cm拉链口袋（20cm×40cm，做法参照p.158）及距边10cm固定上完成的开放式口袋。

再与表布背面对背面固定。

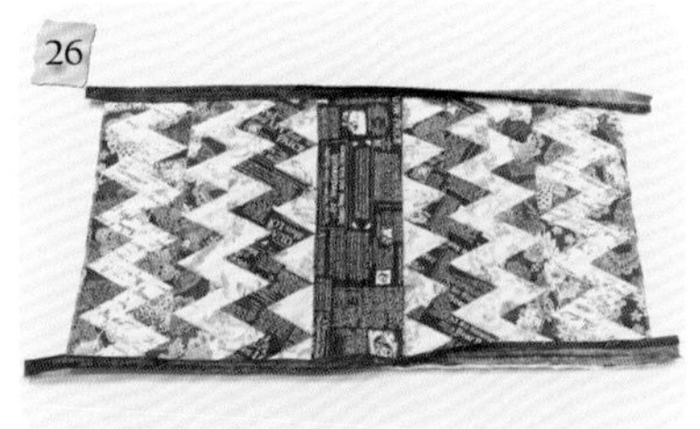

两侧边车缝上滚边布（4cm×67cm）的一侧。

车缝上侧边（注意侧边的两侧留约0.7cm不车缝）。

组合完成，缝合滚边布。

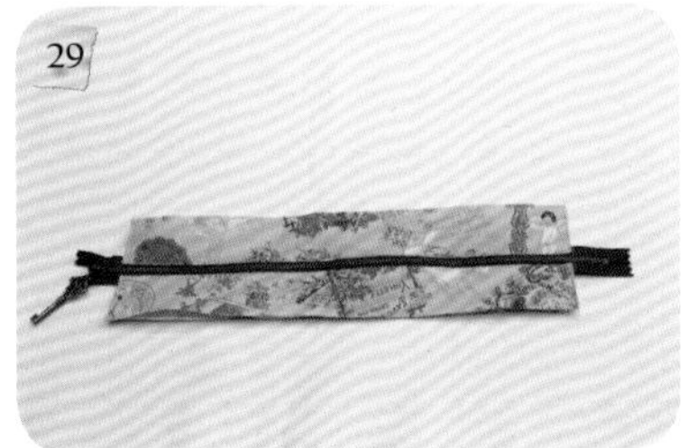

制作40cm拉链口布（布裁38cm×5cm），表里各两片，做法参照p.154。

袋口先车缝上滚边布4cm×42cm一侧，接着再将拉链口布车缝上，最后缝合另一侧滚边布。

蝴蝶结布条裁15cm×110cm一片对折，尾端裁45度角，车缝固定（需预留一返口）。

翻回正面，缝合返口，完成蝴蝶结带。

缝上提手（间距12cm），拉链两端缝上包扣装饰即完成。

参照原寸纸型C面

个性杂货风肩背包

材料：

格子表布

袋身：60cm×43cm 2片
格子提手布：30cm×9cm 2片
底布：14cm×32cm 1片
装饰布：13cm×110cm 2片
深咖啡色上缘装饰布：9cm×52cm 2片
深咖啡色提手布：54cm×9cm 4片

里布：90cm×110cm 1片
薄衬：30cm×110cm 1片
厚衬：130cm×110cm 1片
拉链：20cm 1条
蕾丝：200cm 1条

做法：

裁剪袋身表布60cm×43cm两片，烫上厚衬。

依纸型尺寸剪下。

上下皆依纸型标示褶线，折叠后车缝固定。

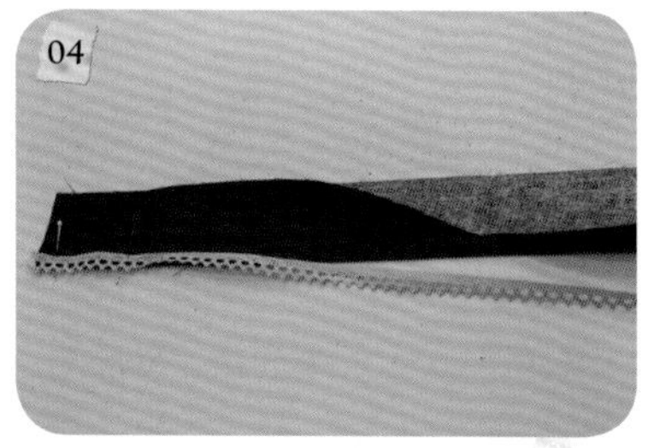

裁剪深咖啡色上缘装饰布9cm×52cm两片，蕾丝55cm两条，装饰布对折后将蕾丝车缝上，固定于非开口端。

车缝好蕾丝的装饰布，车缝固定于袋身上端。

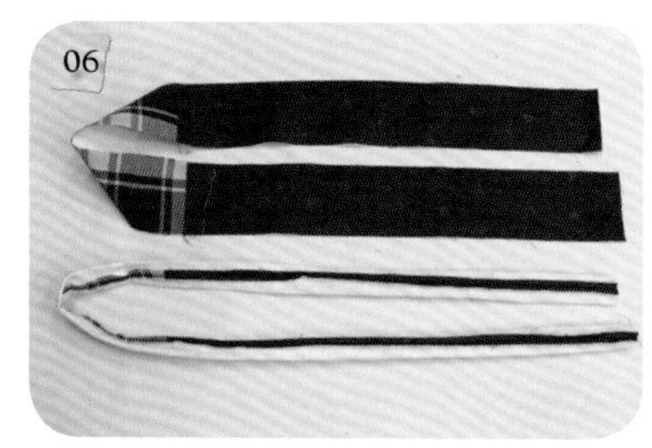

裁剪30cm×9cm两片格子提手布，深咖啡色提手布54cm×9cm四片，组合成两片提手，烫上厚衬，对折车缝后烫开缝份。

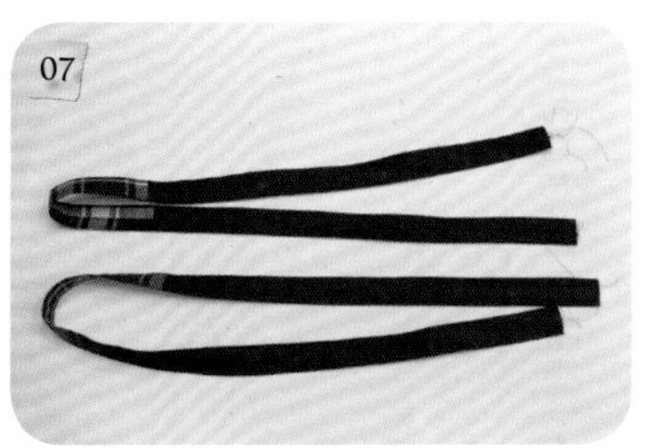

翻回正面，烫平后左右距边0.5cm车缝固定线。

将提手固定于袋身上（上端间距16cm，下端间距33cm）。

提手处预留约5cm先不车缝固定（方便组合）。

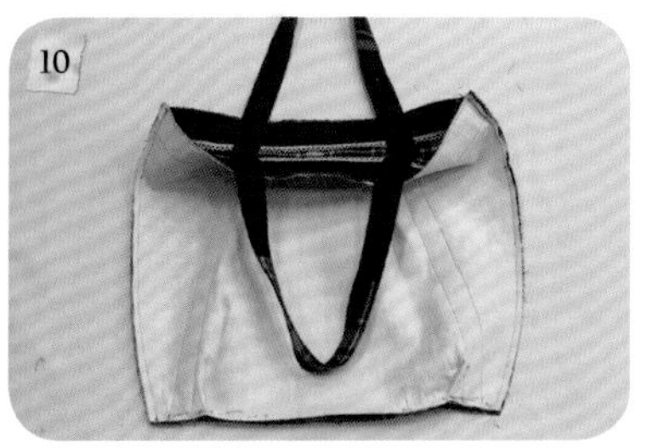

两片袋身左右两侧车缝固定。

袋底依纸型裁剪并烫上厚衬。

与袋身组合完成外袋。

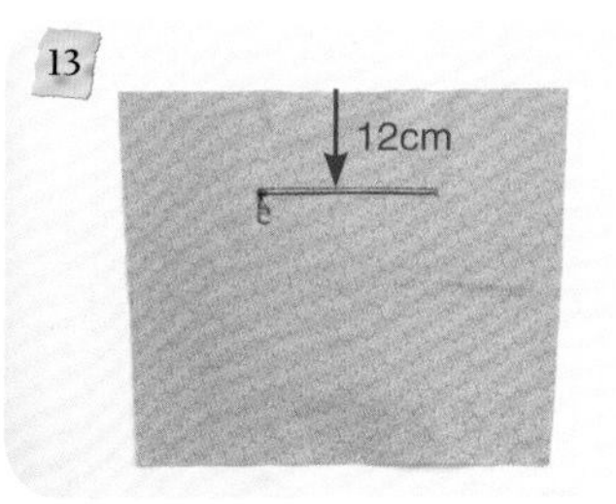

内里布烫上厚衬后依纸型剪下，取一片在距边12cm处车缝上20cm拉链口袋（布裁25cm×50cm，做法参照p.158）。

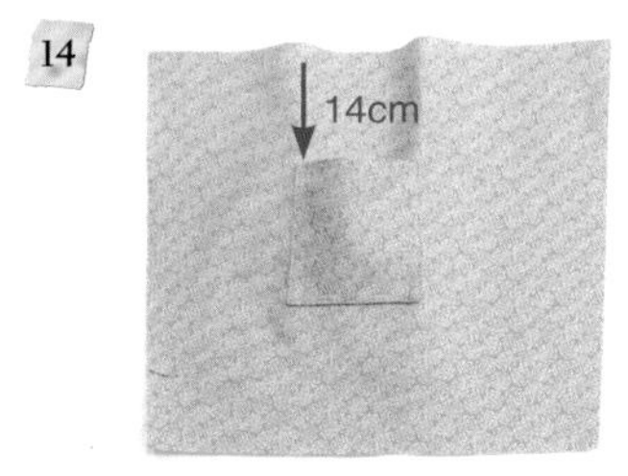

再取另一片于距边14cm处车缝上手机口袋（13cm×30cm烫薄衬）。

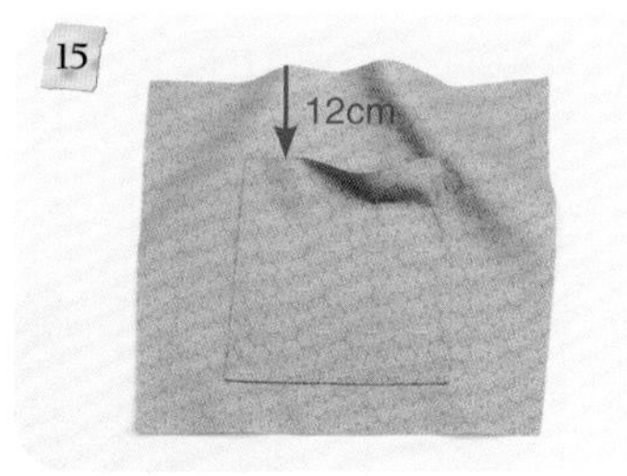

裁布25cm×50cm烫上薄衬，在距边12cm处车上开放式口袋（盖住手机口袋）。

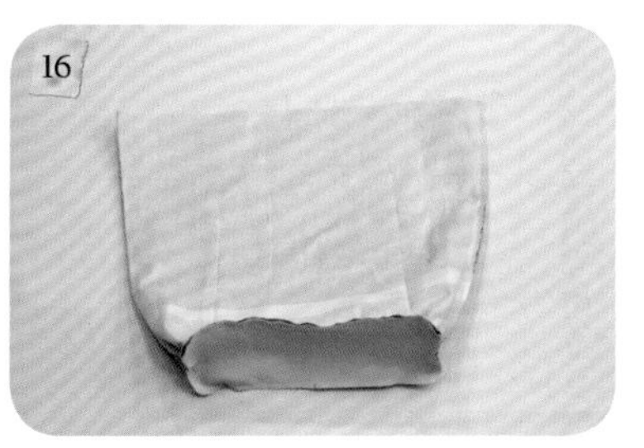

袋底内里依纸型，烫厚衬，组合完成内袋（需预留一返口）。

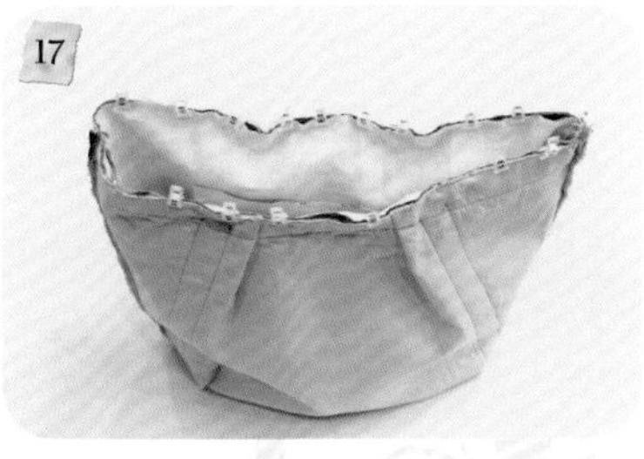

完成内袋套入外袋，袋口车缝固定。

翻回正面完成图。

19

裁13cm×110cm两片装饰布，对折车缝翻回正面，再疏缝（做法参见p.149），拉出褶皱。

20

拉出的褶皱车缝固定。

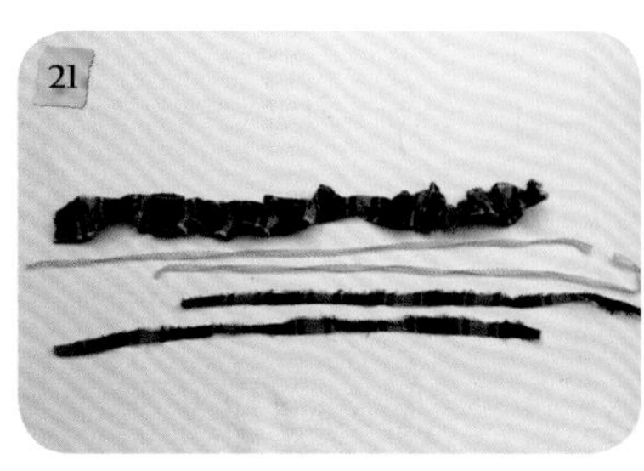

21

裁剪蕾丝90cm及布边条约80cm（可依自己喜爱裁剪）。

22

束成一束装饰带。

23

装饰于包包上后，即完成。

参照原寸纸型A面

口金花语手提袋

材料：

表布

红色：10cm×110cm 1片
粉色：20cm×10cm 1片
灰色：60cm×110cm 1片
深灰色底布：55cm×14cm 1片
深灰色拉链口布：3.5cm×45cm 2片

里布：60cm×110cm 1片
薄衬：120cm×110cm 1片
铺棉：50cm×60cm 1片
拉链：18cm 1条、22.5cm 2条
口金铁条：1组
提手：1组
PE板：28cm×11cm 1片

做法：

表布依六边形纸型剪裁。

红色12片、粉色两片、灰色70片。

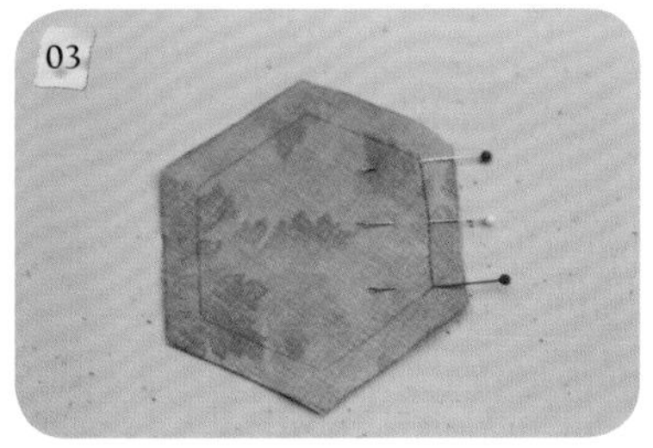

两片正面对正面，以珠针固定。

一行一行排列接合（依序为8片、9片、8片、9片、8片）。

上下行组合。

组合成一片。

组合另一片（花位置不一样）。

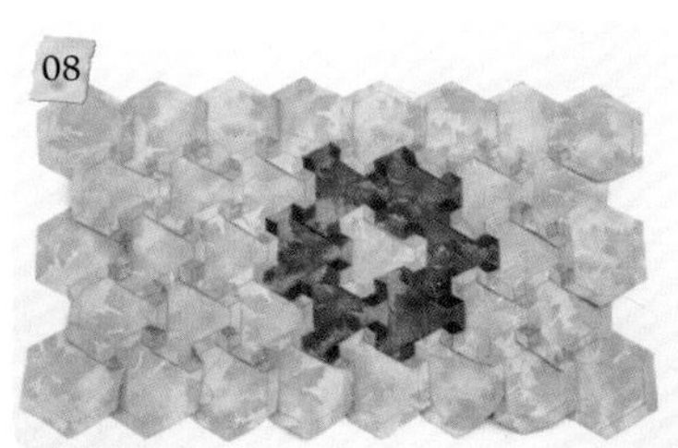

将背面烫平。

背面烫平近照。

组合完成的表布下端裁平，与55cm×14cm深灰色底布组合。

组合表布烫上薄衬，烫上薄衬后铺棉，再烫薄衬共四层，最后开始压线。

压完线的表布裁齐尺寸为58cm×45cm。

对折后左右两侧车缝固定。

袋底截角12cm。

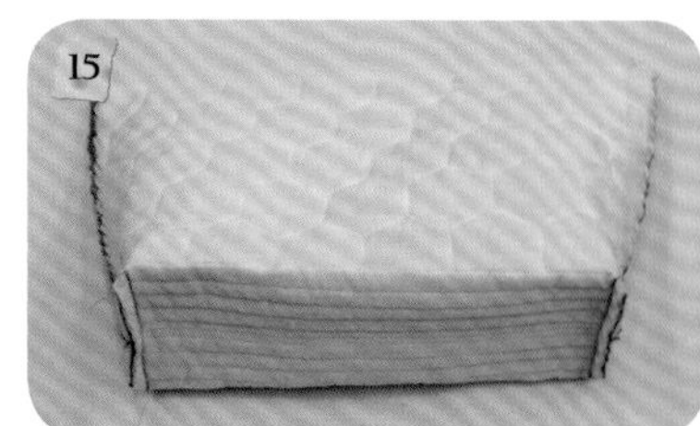

截角后剪掉多余的铺棉。

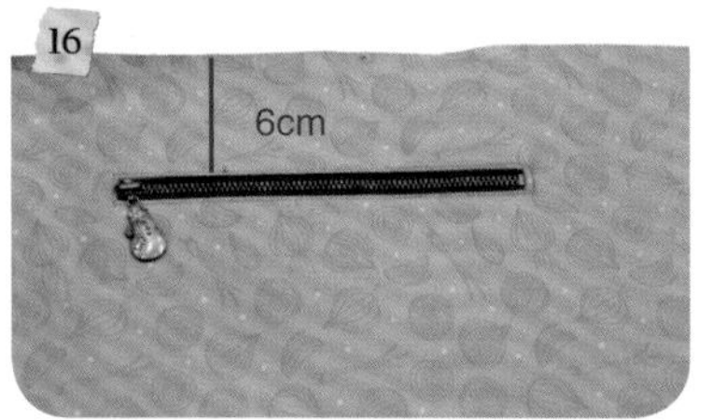

裁剪58cm×45cm内里布，烫上薄衬，在距边6cm处制作内里18cm拉链口袋（布裁23cm×36cm，做法参照p.158）。

对折后左右两侧车缝固定，袋底截角12cm。

裁剪3.5cm×45cm深灰色拉链口布，表布与内里各两片。

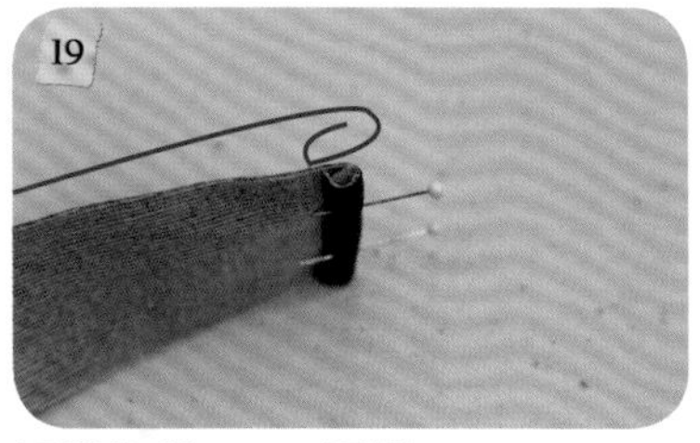

两端先折0.5cm再折1cm。

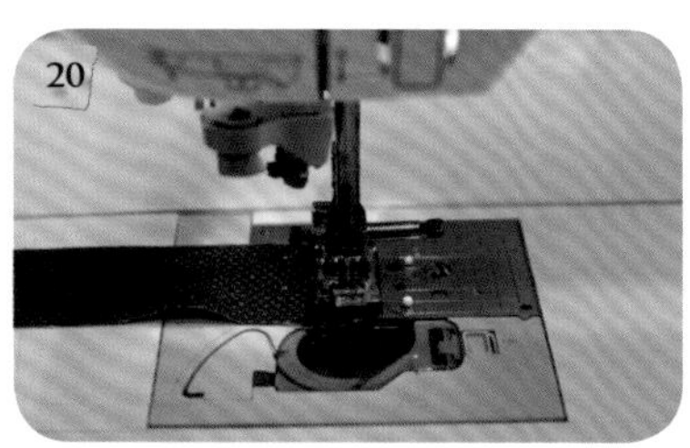

车缝一道固定线。

四片拉链口布完成。

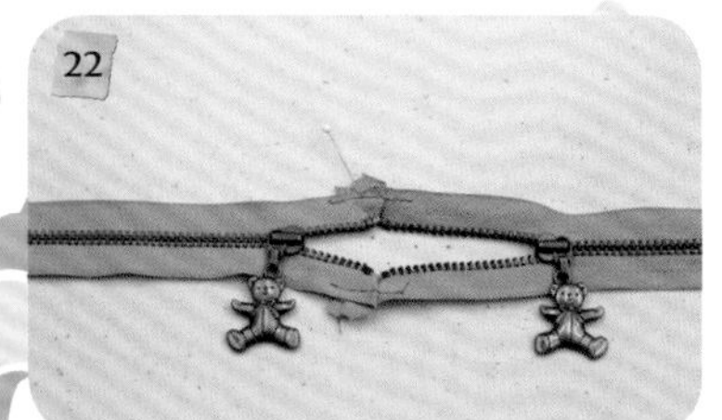

两条22.5cm拉链先头对头缝数针固定。

表布和内里口布，正面对正面，拉链置中夹车。

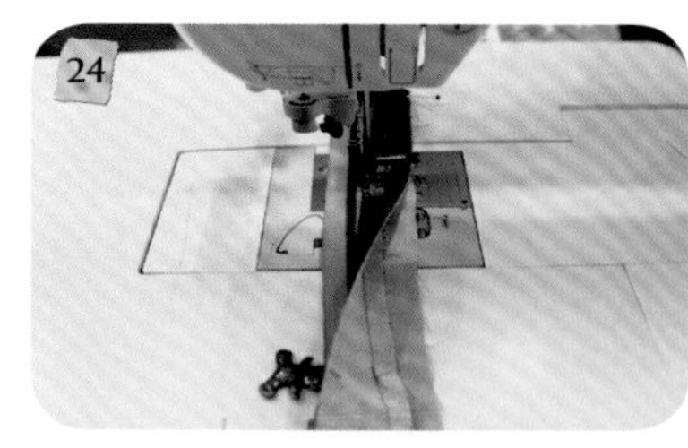

翻回正面，沿拉链边车缝压一道固定线。

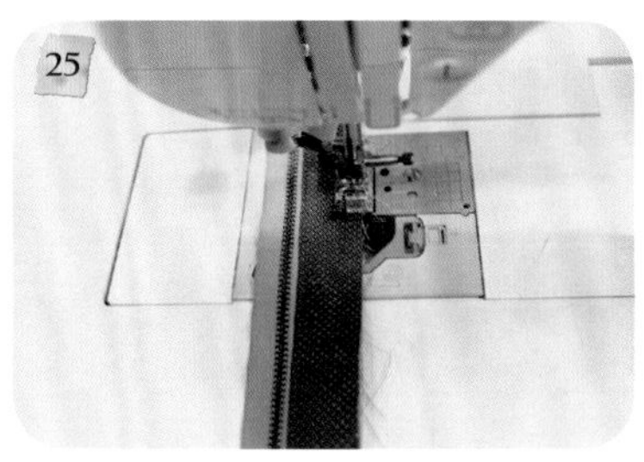

外缘距边0.5cm车缝固定，另一侧拉链口布用同样方法完成。

裁8cm×6cm表布两片烫薄衬，对折车缝，翻回正面，尾端塞入约2cm后完成套子。

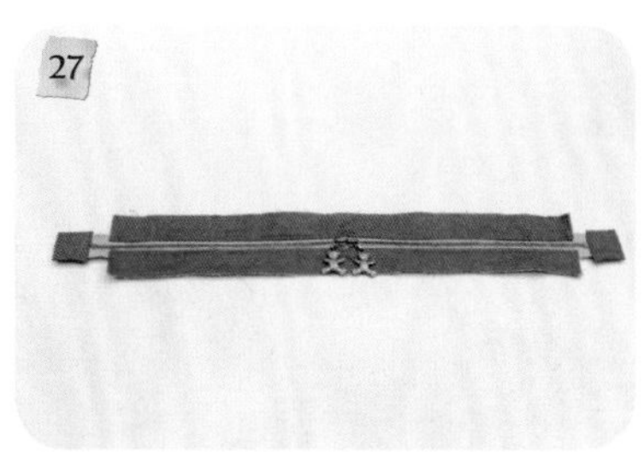

完成的套子套入拉链两端车缝固定。

完成的拉链口布，固定于外袋上缘。

再将内袋套入外袋车缝固定。

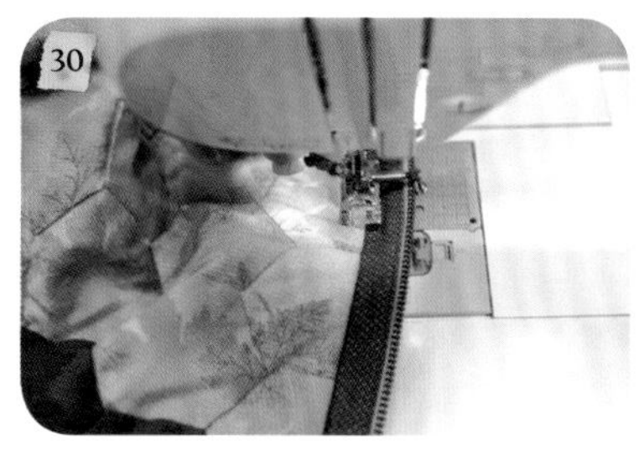

由返口翻回正面，与拉链口接合处车压固定，返口处置入PE板。

组合完成图。

从两端拉链口布的洞口穿入口金。

缝上提手，间距为9cm。

参照原寸纸型B面

青春印记手提包

材料：

前后口袋表布依做法标示尺寸

黑色表布

袋身：25cm×40cm 2片

底布：50cm×13cm 1片

滚边斜布：4cm×80cm 1片

里布：90cm×110cm 1片

薄衬：120cm×110cm 1片

厚衬：30cm×110cm 1片

铺棉：45cm×90cm 1片

拉链：15cm 1条、40cm 1条

提手铁条挡布：6cm×25cm 2片

提手：1组

PE板：9cm×32cm 1片

鸡眼扣：10mm 4颗

压扣：2组

做法：

A8cm×28cm、B5.5cm×28cm、C6.5cm×28cm、D8cm×28cm、E4.5cm×28cm、F5.5cm×28cm、G8cm×28cm、H8cm×28cm、I 5.5cm×28cm（皆已含缝份）。

组合成一片后烫上厚衬，依前后口袋表布纸型剪下。

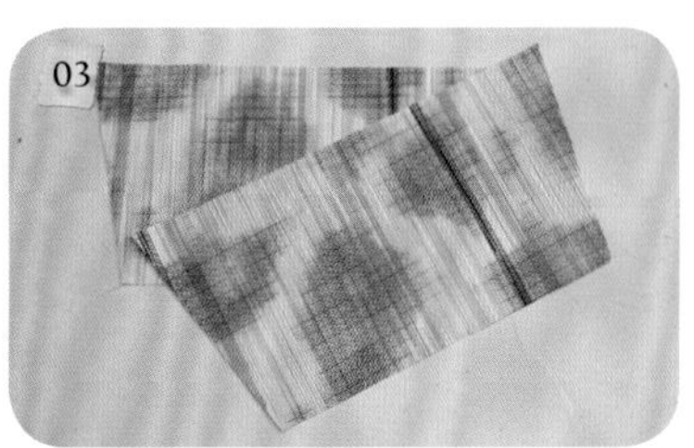

内里布烫上薄衬，依前后口袋内里纸型剪下。

表布与里布正面对正面，于上缘处车缝固定。

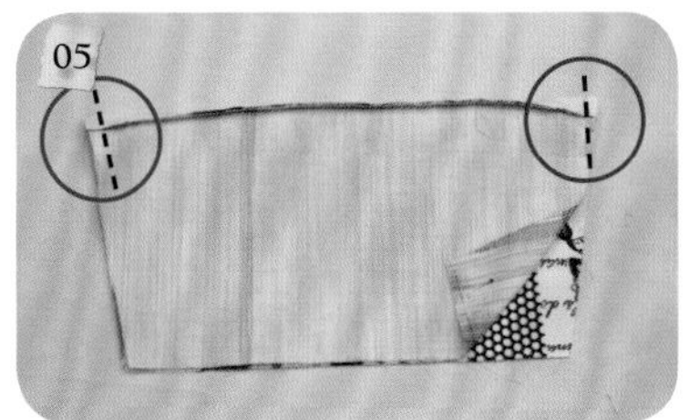

内里较表布短，故里布会往下1cm，由正面看表布会往内折（如此可减少厚度及较为美观），左右两侧车缝5cm翻回正面。

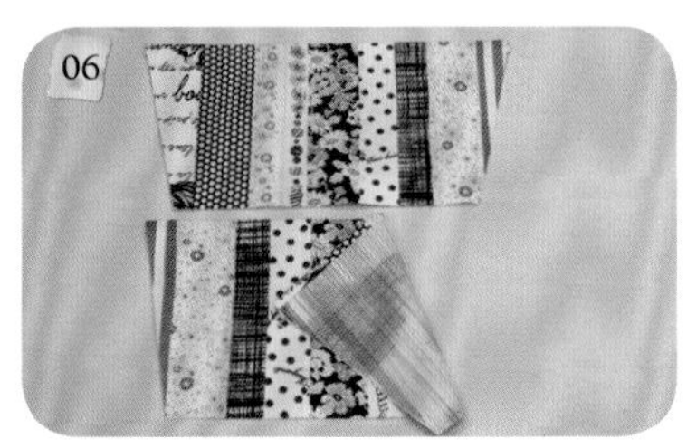

翻回正面图。

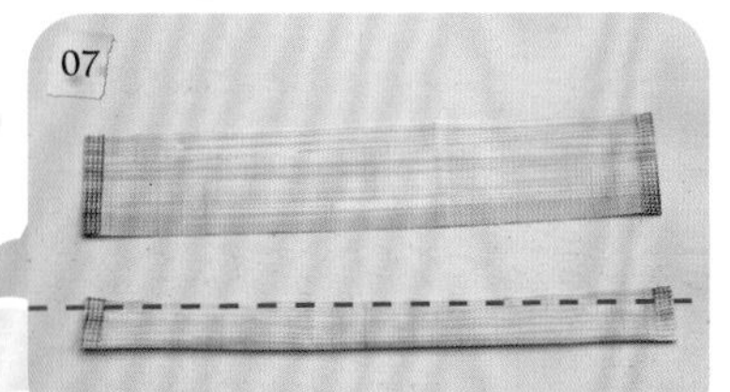

裁剪6cm×25cm两片（不烫衬），制作提手铁条挡布，对折沿上缘车缝固定。

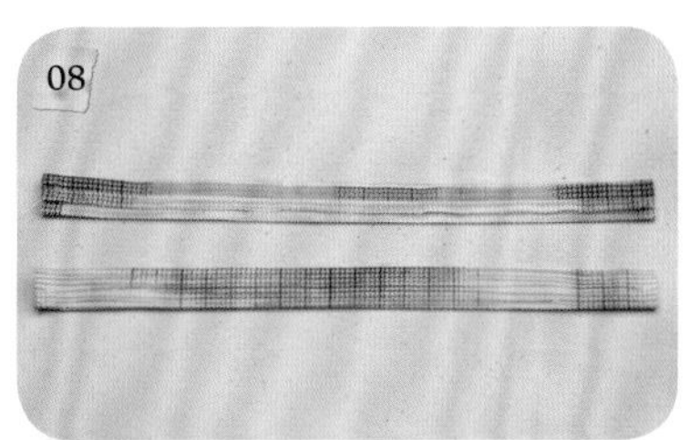

翻回正面。

距上缘2.5cm，侧边9cm处钉上鸡眼扣。

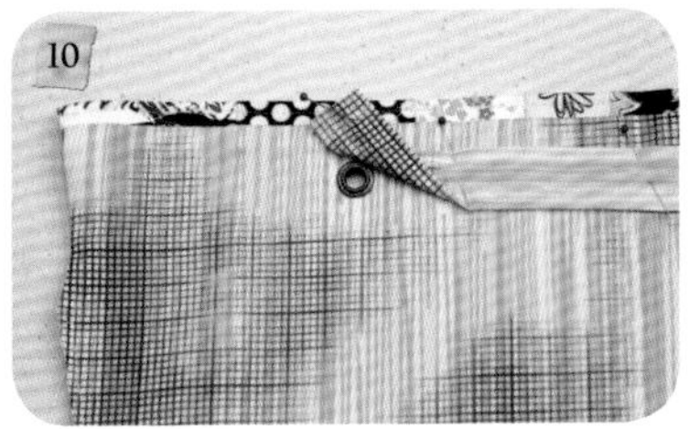

缝上铁条挡布盖住鸡眼扣。

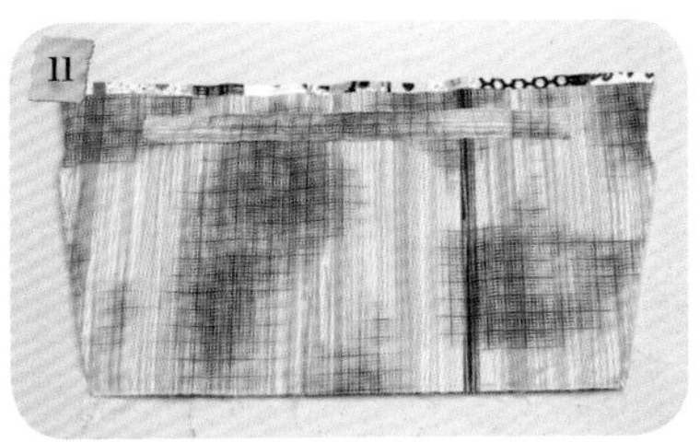

完成两片前后口袋。

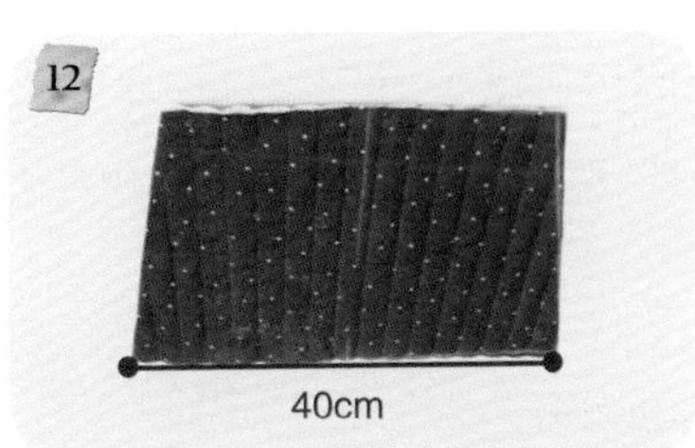

裁剪25cm×40cm两片袋身表布，烫上薄衬后铺棉再烫薄衬共四层，压线完成后依纸型剪下。

将前后口袋车缝固定，左右上端5cm处不车缝。

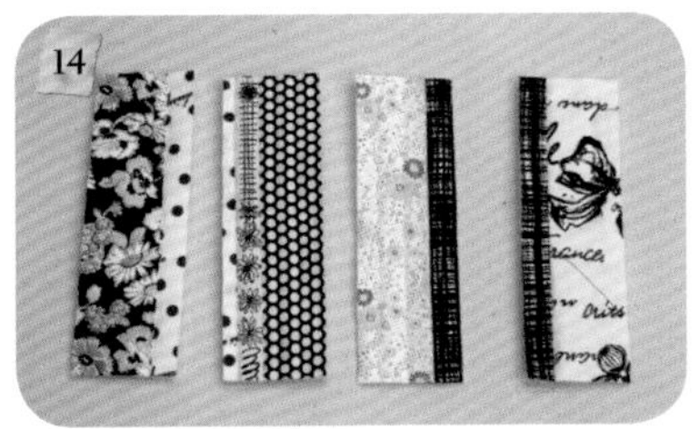

侧边布随意组合成25cm×30cm，烫上薄衬后铺棉再烫薄衬共四层，压线完成后裁剪为22cm×7cm四片。

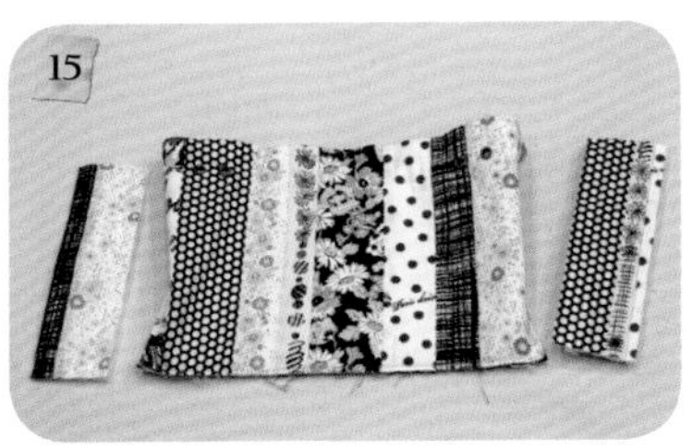

取两片置于袋身左右组合。

裁剪底布50cm×13cm一片，烫上薄衬后铺棉再烫薄衬共四层，压线完成后裁齐为47cm×12cm。

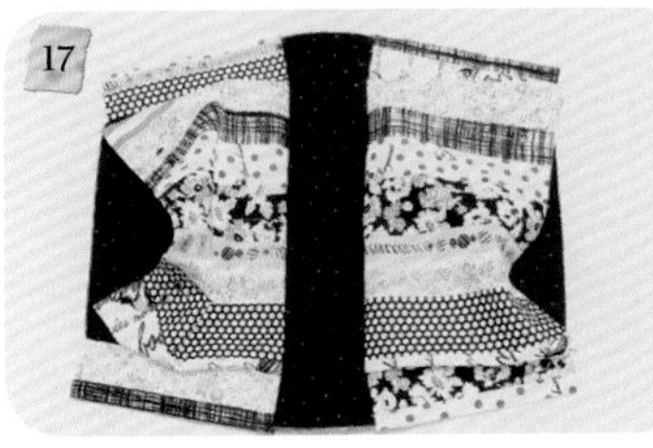

袋身与底部组合成一片。

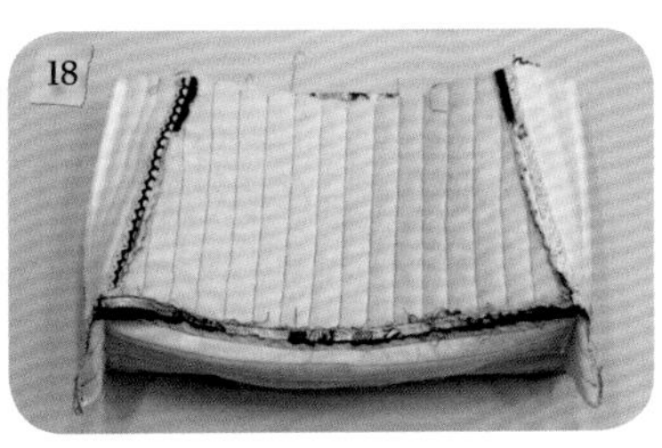

对折后左右车缝，底布截角10cm，拨开缝份后以卷针缝缝合（会使包较挺）。

截角后多余的布剪掉。

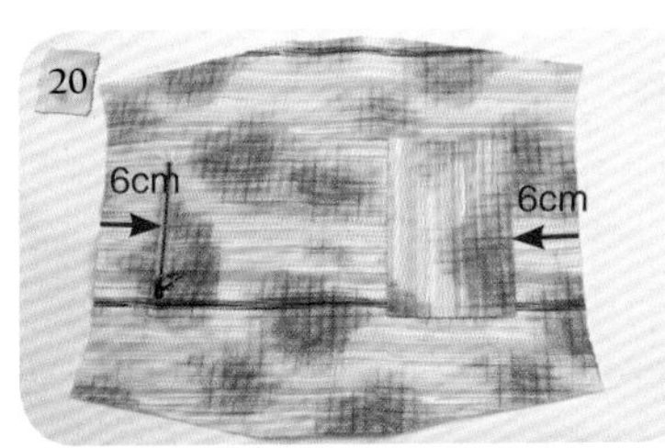

内里布烫上薄衬依纸型剪下，分别距上端6cm处，车缝上15cm拉链口袋（20cm×40cm，做法参照p.158）及开放式口袋（21cm×30cm）。

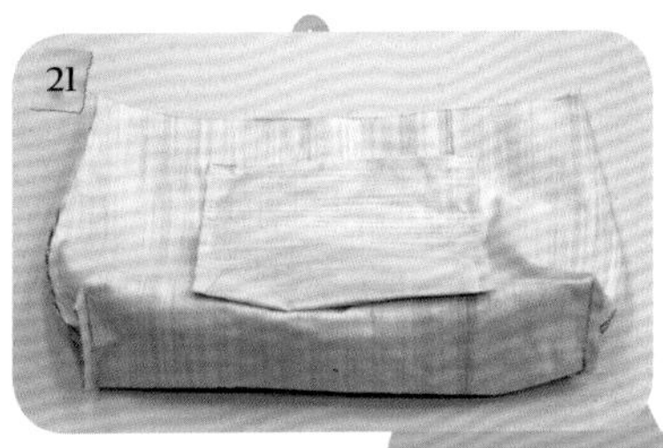

内里布对折后左右两侧车缝固定，底布截角10cm，剪掉多余的布料。

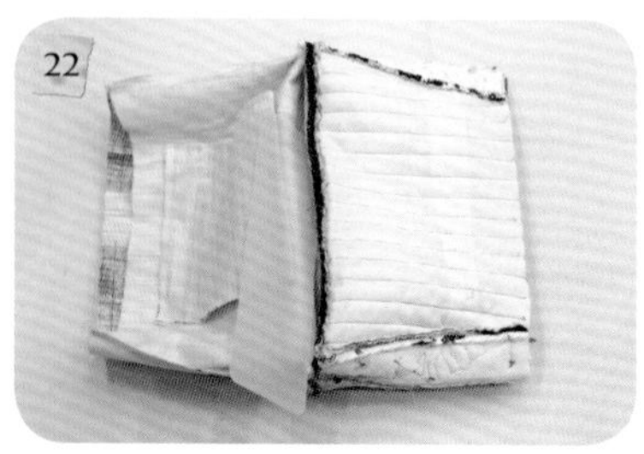
22
内袋与外袋，底对底缝数针固定，置入PE板。

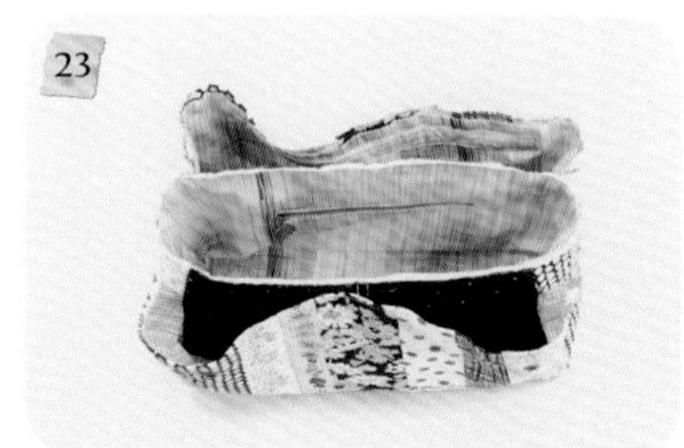
23
翻回正面，上缘距边0.5cm处，车缝一圈固定。

24
先车缝滚边布外侧。

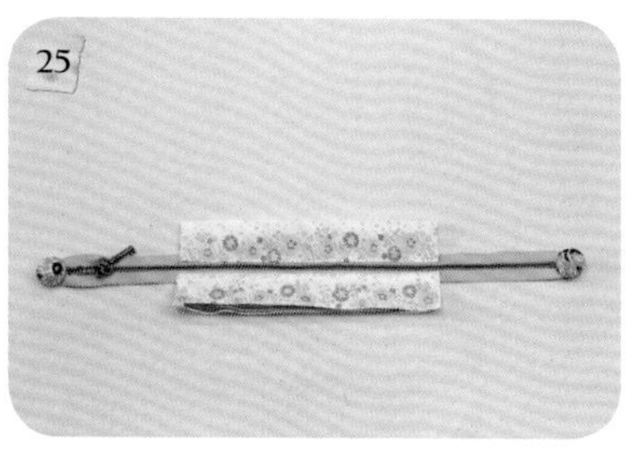
25
制作40cm拉链口布（布裁5cm×37cm 表里布各两片，做法参照p.154），两端包扣对贴装饰。

26
再将拉链口布固定上。

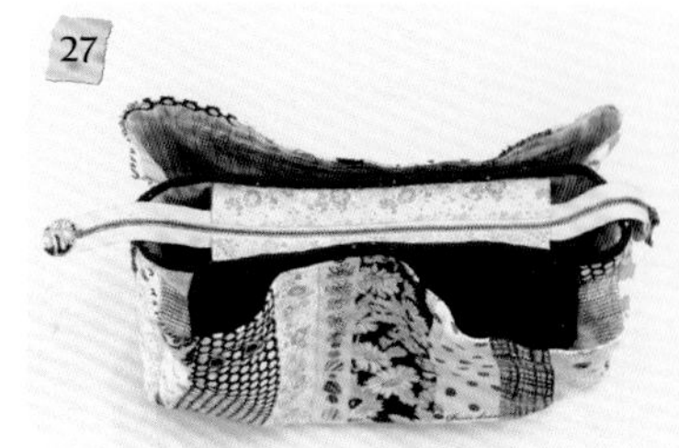
27
再将滚边布另一侧缝合。

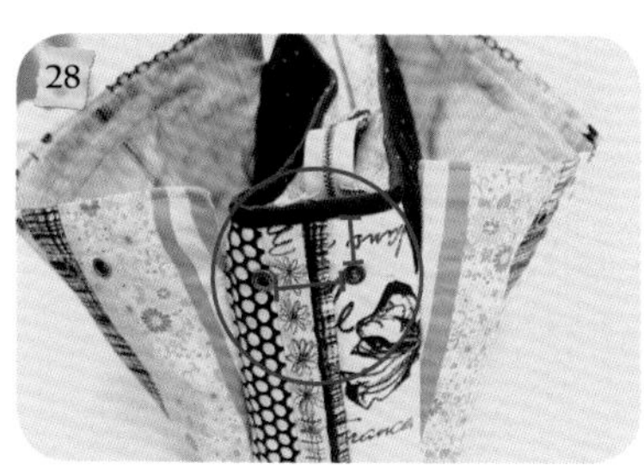
28
口袋钉上鸡眼扣（距上端4cm，间距4cm）。

29
穿上提手。

30
完成作品。

参照原寸纸型B面

花飞花舞手提袋

材料：

表布

黑花布：
前后袋身：40cm×25cm 2片
侧口袋：36cm×20cm 2片
侧袋身：30cm×25cm 1片
底布：40cm×16cm 1片
粉紫表布：
褶皱布：110cm×6cm 2片、60cm×6cm 1片
滚边斜布：4cm×110cm 1片

里布：90cm×110cm 1片
薄衬：150cm×110cm 1片
铺棉：45cm×150cm 1片
拉链：18cm 1条
铜环：4个
PE板：34cm×11cm 1片
皮带：1组
鸡眼扣：21mm 8颗
压扣：2组
磁扣：2组
包扣：24mm 2颗

做法：

褶皱布110cm×6cm及60cm×6cm，使用褶皱压脚（间距调5.0或手缝，做法参照p.149）。

完成一侧褶皱。

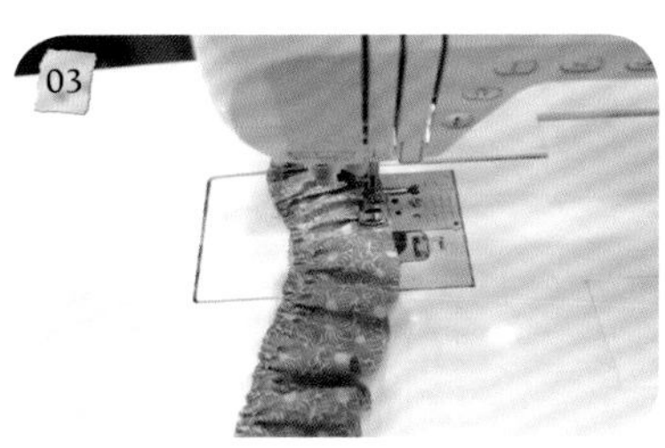

车缝另一侧。

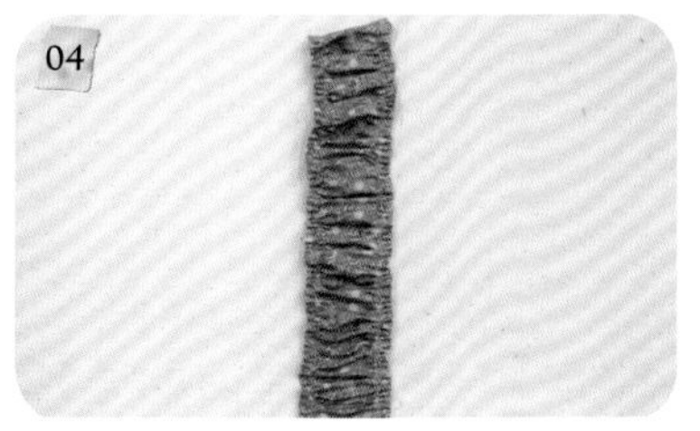

完成两侧褶皱。

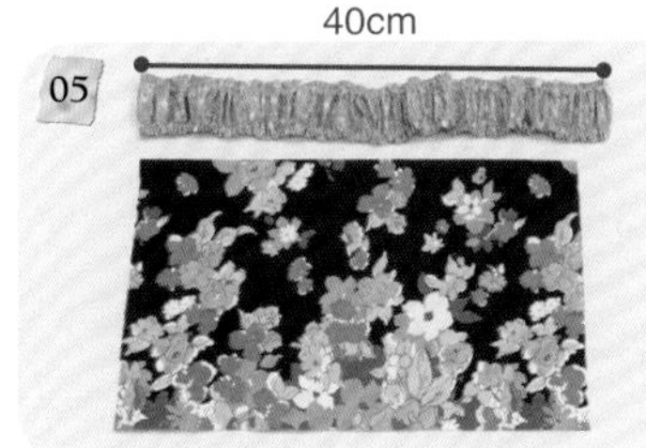

完成的褶皱裁下40cm两片与袋身表布裁40cm×25cm两片。

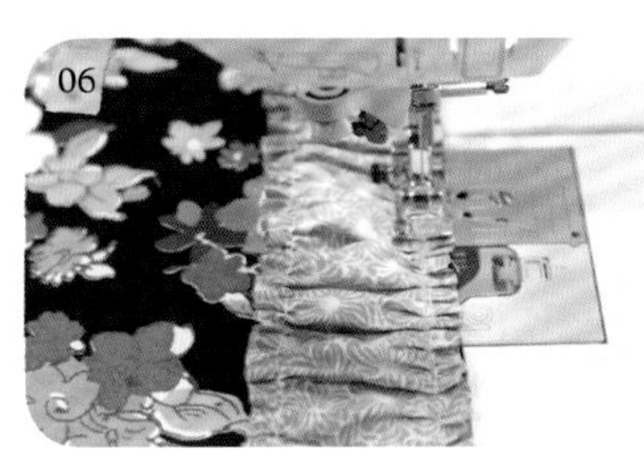

上端处正面对正面车缝固定。

完成前后两片袋身表布，烫上薄衬后铺棉，再烫薄衬共四层，最后开始压线。

压线完成后裁齐为38cm×27cm两片。

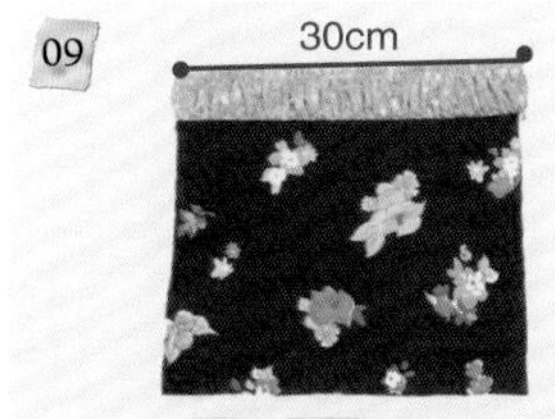

完成的褶皱裁下30cm一片与侧袋身布30cm×25cm，上缘处车缝固定，烫上薄衬后铺棉，再烫薄衬共四层，最后开始压线。

压完线后裁剪为14cm×27cm两片。

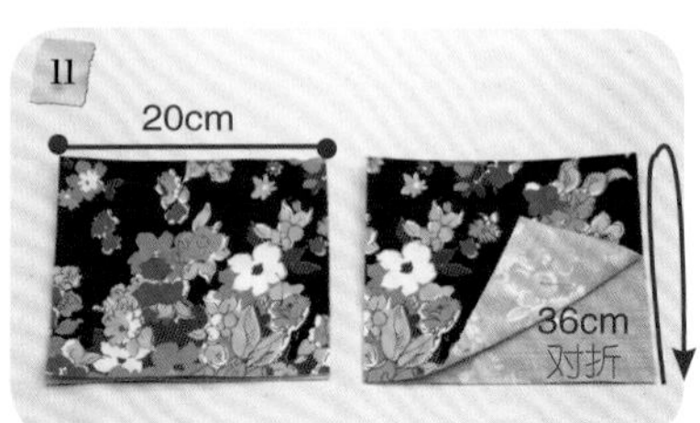

侧口袋布20cm×36cm两片，烫上薄衬，对折烫平，依纸型折线后车缝固定。

折线固定完成与侧边组合。

与侧边组合完成，钉上磁扣。

公扣钉于口袋距边2cm处中心处，母扣钉于侧袋身，口袋磁扣处缝上包扣装饰。

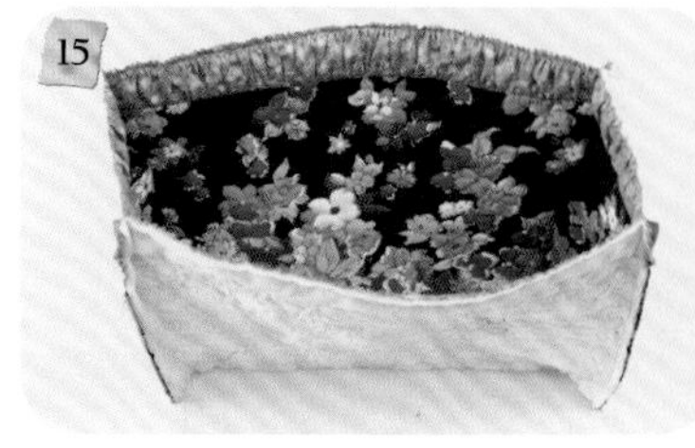

前后片袋身与左右侧袋身组合。

底布裁16cm×40cm一片，烫上薄衬后铺棉，再烫薄衬共四层，最后开始压线。

袋身与底布组合，接合处拨开缝份后以卷针缝缝合（包会较挺），完成外袋。

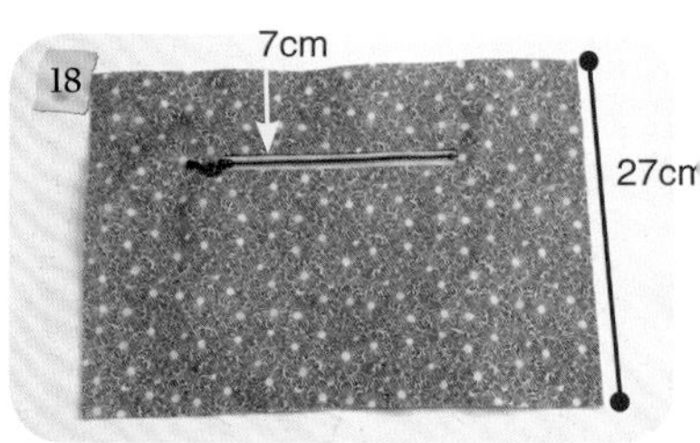

袋身内里裁38cm×27cm两片，烫上薄衬，取一片距边7cm处车缝上18cm拉链口袋（布裁23cm×40cm，做法参见p.158）。

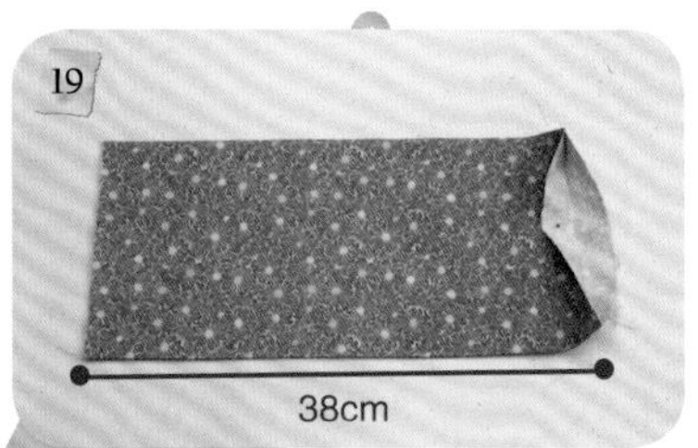

裁剪38cm×34cm内里开放式口袋，烫上薄衬对折车缝翻回正面。

将开放式口袋固定于另一片内里袋身，并依需求车缝上分隔线。

内里侧边14cm×27cm两片，烫薄衬与底部16cm×40cm烫衬依纸型剪下，组合成内袋。

完成的外袋与内袋底对底缝数针固定，放入PE板。

翻回正面。

车缝滚边布。

画出中线，并在左右各6cm处钉上鸡眼扣。

穿上铜环及皮带。

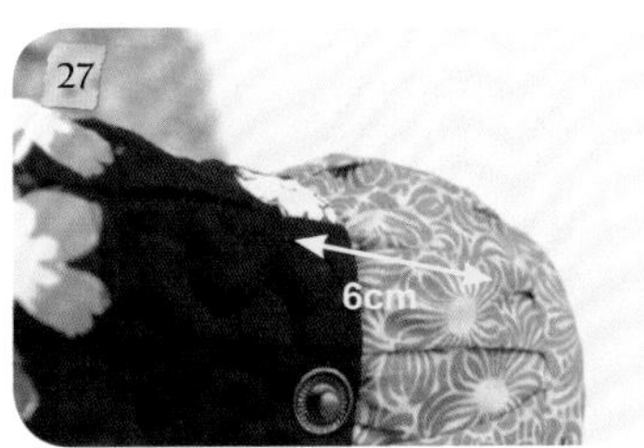

侧袋身钉上压扣（间距6cm）。

完成作品。

参照原寸纸型C面

清纯学院风斜背包

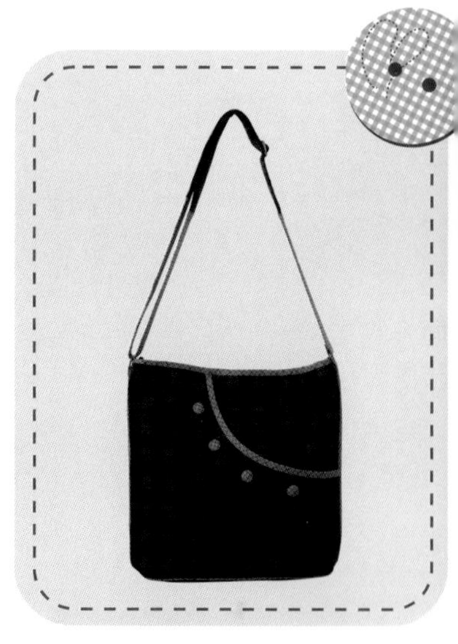

材料：

表布

绿格子：依纸型裁布

蓝色

袋盖：20cm×20cm 2片

侧边提手布：38cm×8cm 2片

提手布：50cm×8cm1片、25cm×8cm 1片

出芽斜布：85cm×3cm 1片

滚边斜布：35cm×4cm 1片、80cm×4cm 1片

里布：90cm×110cm 1片

薄衬：30cm×110cm 1片

厚衬：120cm×110cm 1片

拉链：15cm 1条、18cm 1条、30cm 1条

皮绳：80cm 1条

织带：130cm 1条

包扣：21mm 4颗、24mm 1颗

日形环：1组

口形环：2个

PE板：11cm×28cm 1片

做法：

表布与内里34cm×41cm各一片烫上厚衬，依外口袋纸型各画一片（内里要反面画才不会相反）。

表里布背面相对车缝固定，弧度开口处车缝上滚边布。

裁剪袋身表布34cm×41cm两片，烫上厚衬，取一片车缝上前口袋。

裁两片约20cm×20cm袋盖，一片烫薄衬，一片烫厚衬，正面相对依盖子纸型画上。

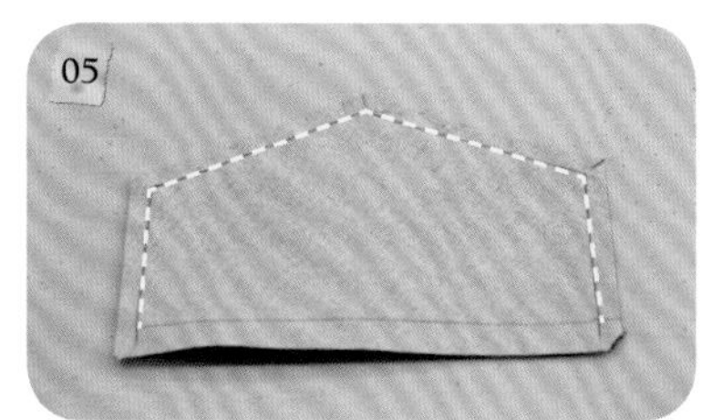

沿画线车缝，留约0.7cm缝份后剪下。

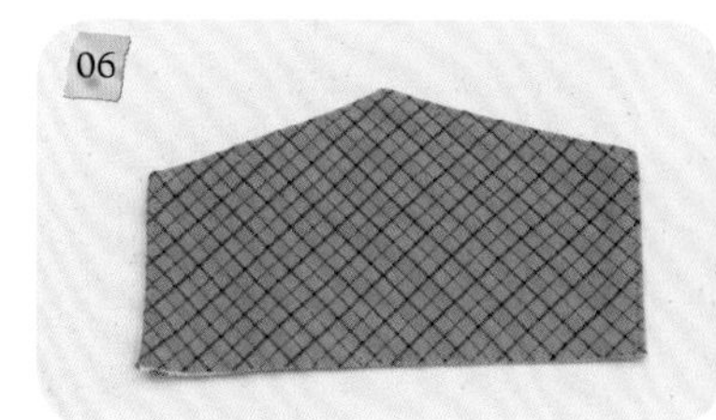

翻回正面，烫平。

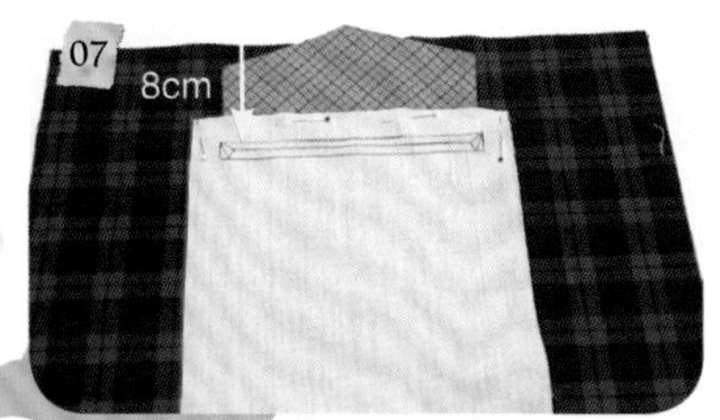

取另一片袋身布，裁剪外拉链口袋布20cm×40cm，烫薄衬，并在距边8cm处将袋盖置中画上开15cm拉链位置（车法参照p. 158）。

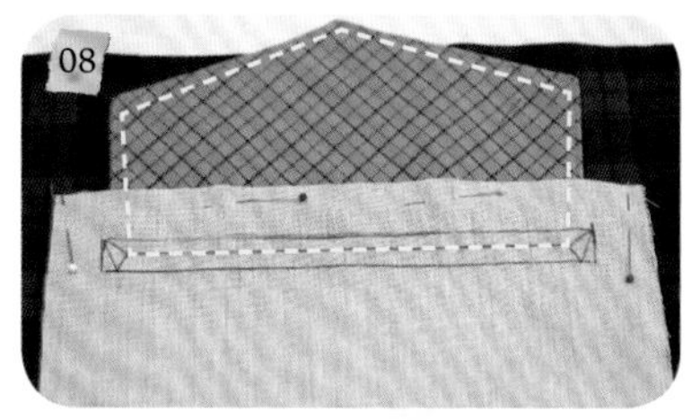

放大图，注意盖子放位置下方为画框内的中线，勿超过下框线。

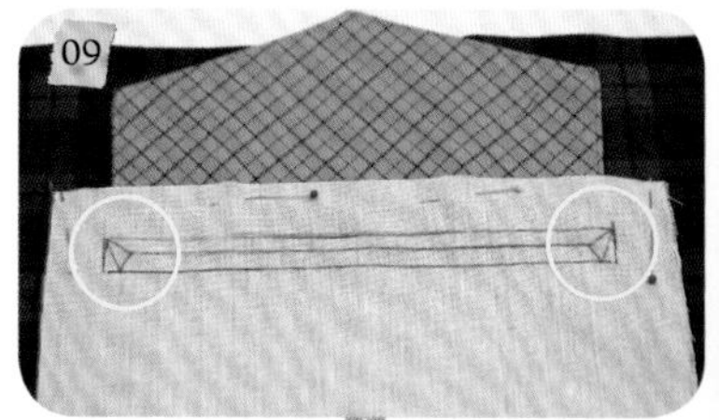

放大图，同开拉链口袋一样方法，但左右两侧下方往内斜折进0.5cm，车缝外框时车缝斜线（盖子盖下时才不会看到袋口）。

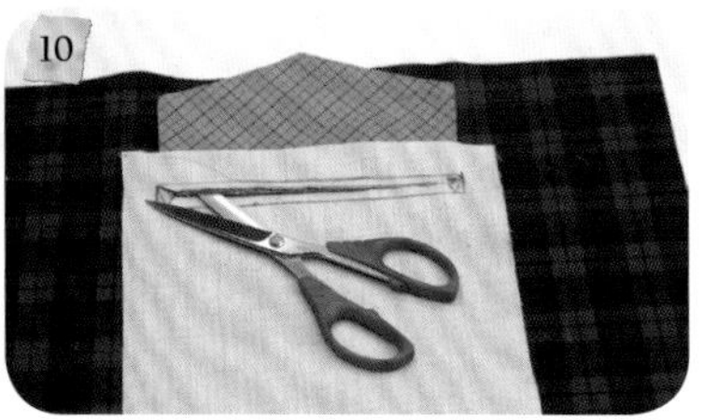

同开拉链口袋一样的方法，车缝完后剪开口（做法参照p.158）。

翻回正面后，放入15cm拉链。

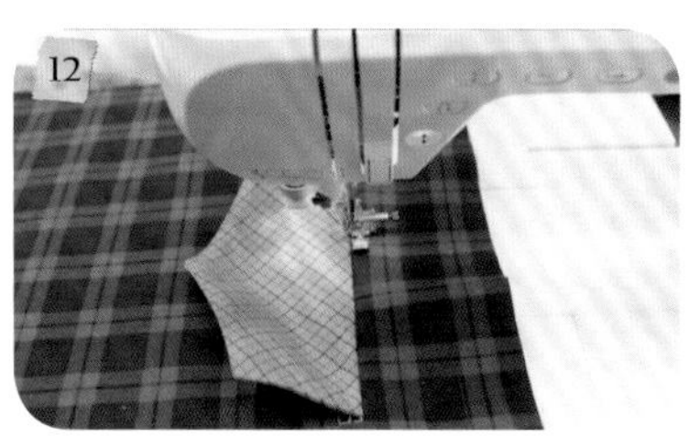

沿拉链口车缝一圈。

完成后缝上24mm包扣装饰。

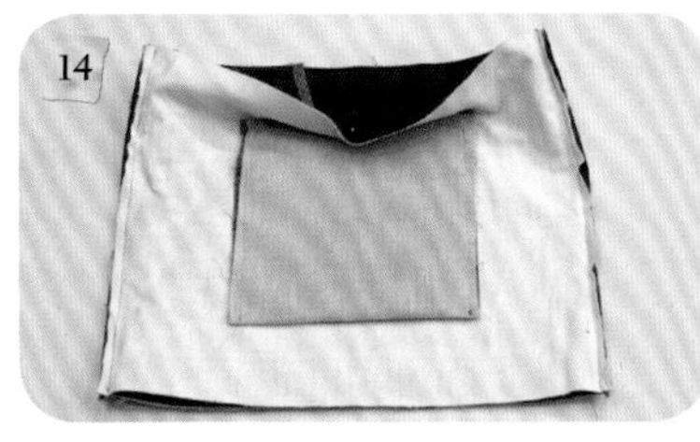

两片袋身正面对正面，左右车缝固定。

翻回正面。

裁剪两片38cm×8cm侧边提手布，对折车缝后缝份烫开。

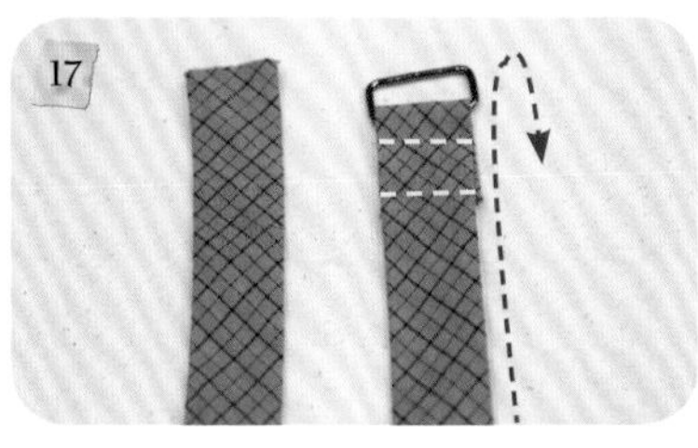

翻回正面，穿过口形环固定两道线。

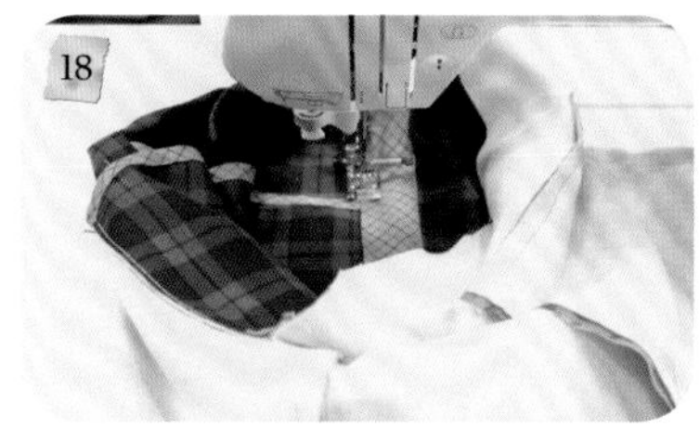

将侧边提手车缝固定于袋身的左右接合线上。

侧边提手固定完成图。

底部36cm×15cm烫厚衬，依纸型剪下，完成出芽（85cm×3cm，做法参照p.155）。

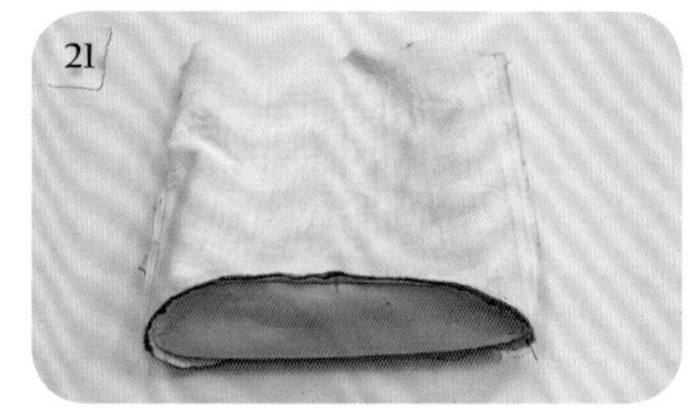

袋身与底部组合。

翻回正面完成图。

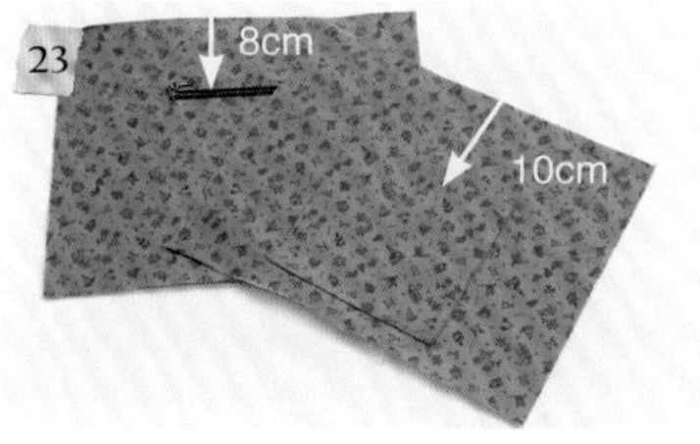

裁剪两片34cm×41cm内里布，烫上厚衬，一片距边8cm处车缝上18cm拉链口袋（布裁23cm×40cm，做法参照p.158），一片距边10cm处车缝上开放式口袋（布裁20cm×40cm烫薄衬）。

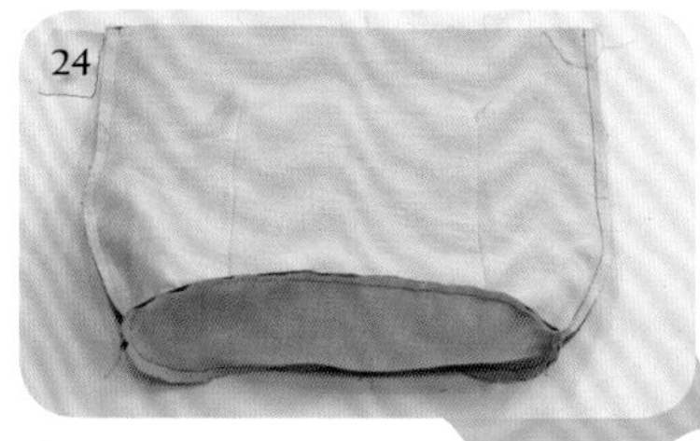

裁剪35cm×15cm内里底部，烫厚衬，依纸型剪下，与内里袋身组合完成。

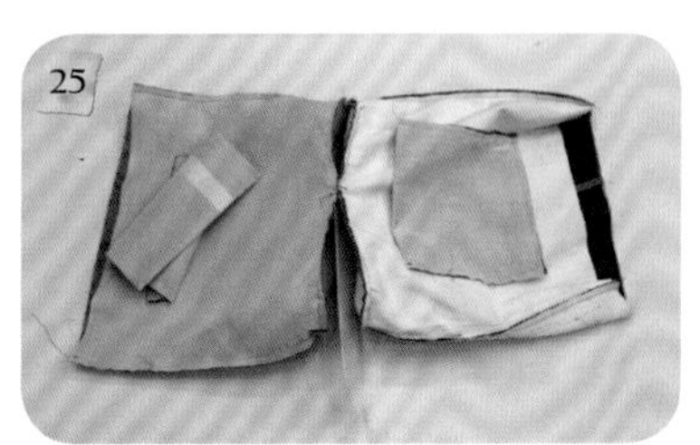

完成的外袋与内袋，底对底缝数针固定，置入PE板。

翻回正面，上缘袋口在距边0.5cm处车缝一圈固定。

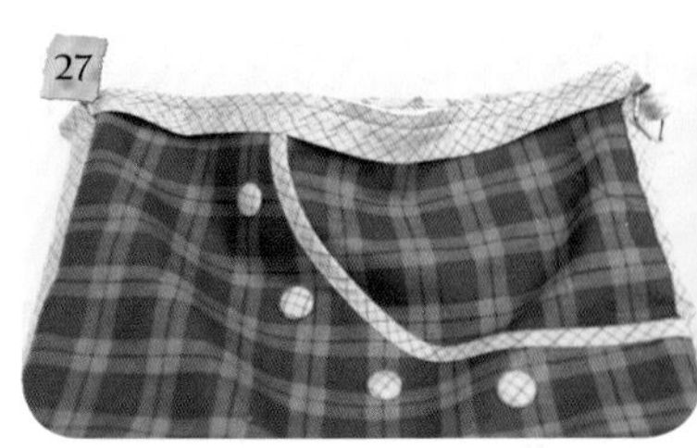

袋口车缝上滚边布外侧，前口袋缝上装饰包扣。

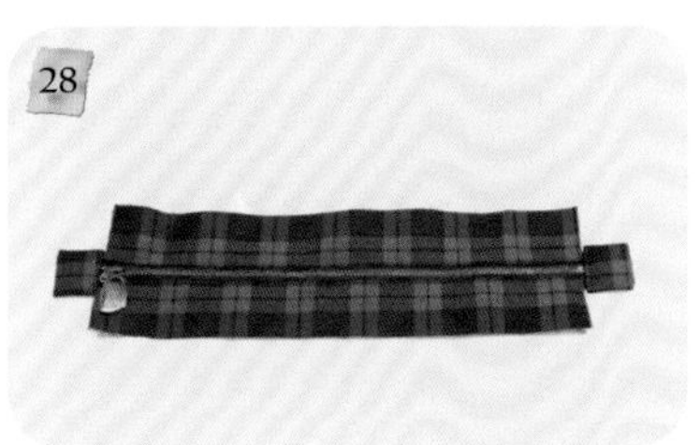

制作30cm拉链口布（表里布各裁32cm × 5cm两片，做法参见p.154）。

拉链口布固定于袋口。

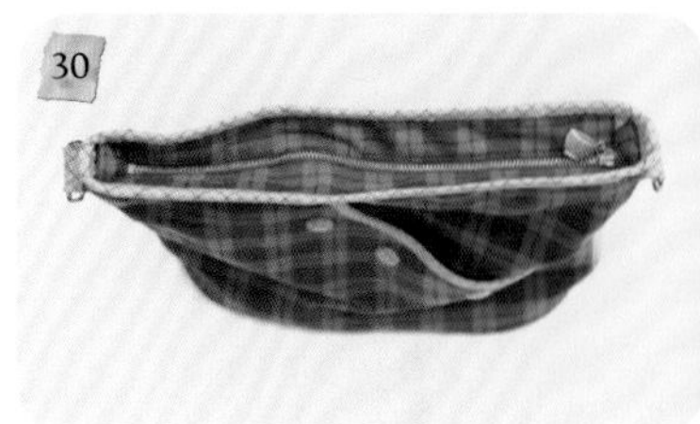

缝上另一侧滚边布。

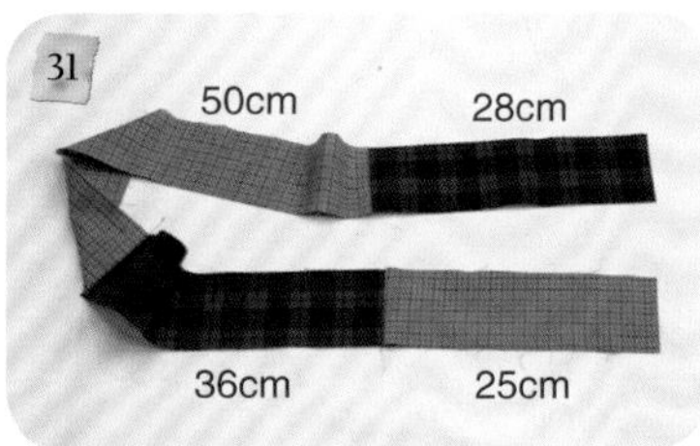

裁剪25cm × 8cm、36cm × 8cm、50cm × 8cm、28cm × 8cm提手布，接合成一长条。

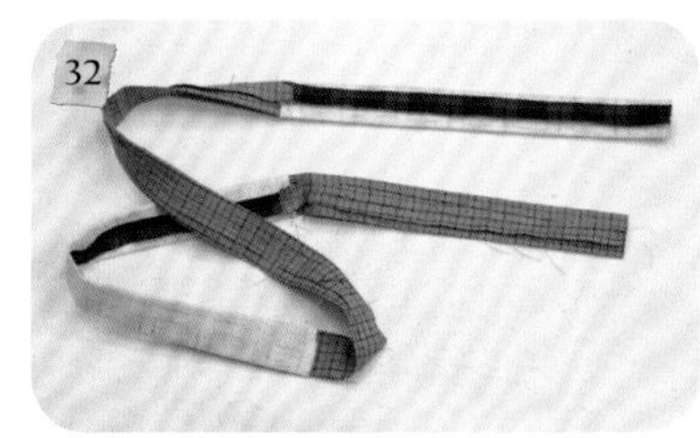

正面相对车缝固定，拨开缝份烫平，翻回正面，穿入织带。

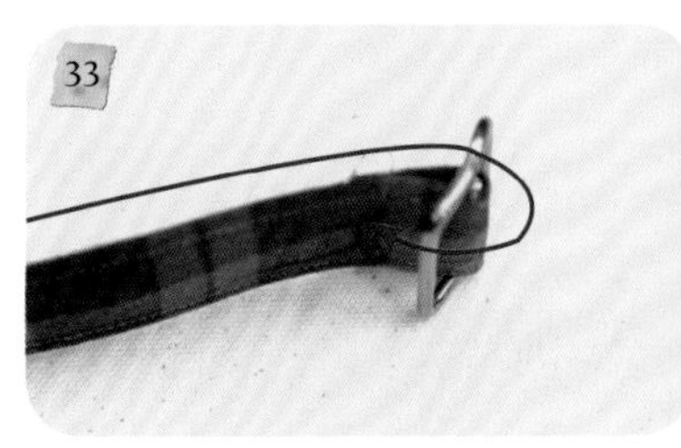

提手一端穿入日形环中间横杆后固定。

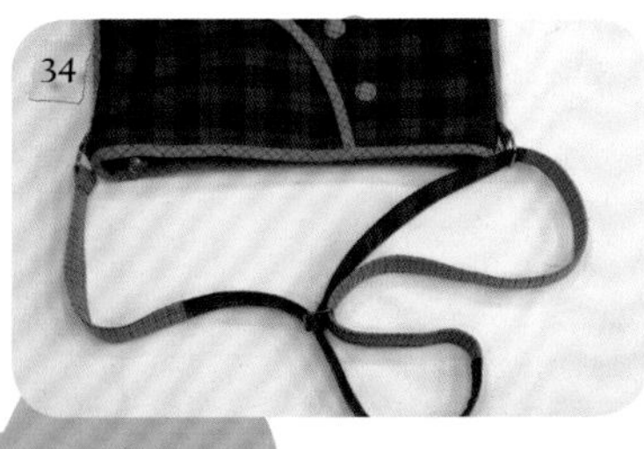

另一端穿入袋身侧边的口形环，再穿过日形环，再固定于另一侧的口形环。

穿过日形环的放大图。

作品完成图。

拉褶超大肩背包

材料：

表布：62cm×87cm 1片
郁金香布：8cm×13cm 2片
里布：90cm×110cm 1片
薄衬：30cm×110cm 1片

口袋用
厚衬：130cm×110cm 1片
拉链：20cm 1条
棉绳：220cm 1条
皮带：1组
磁扣：1颗

做法：

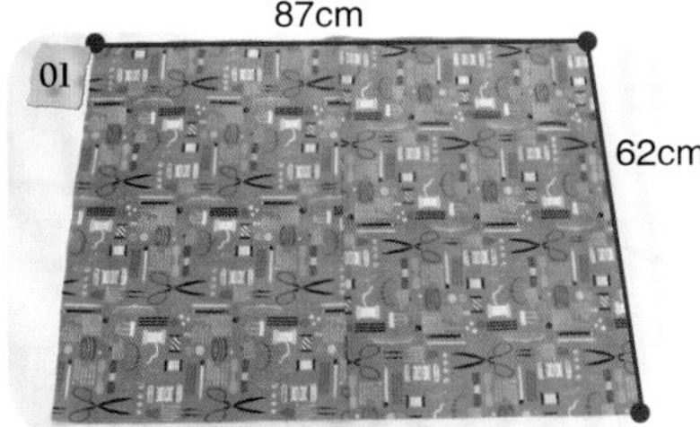

表布62cm×87cm一片，烫上厚衬。

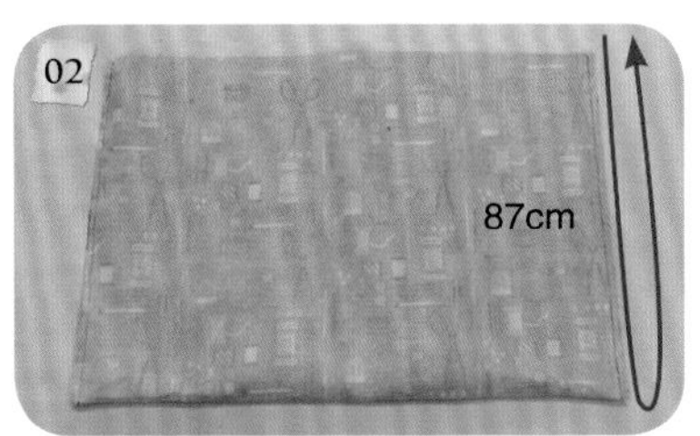

对折左右后车缝固定。

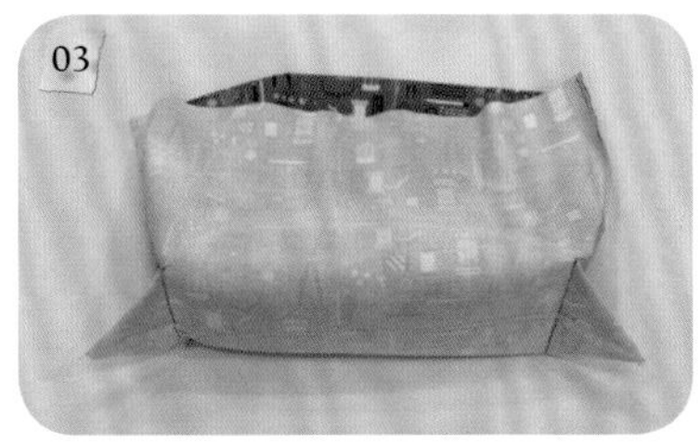

底布截角20cm。

截角后，修剪多余的布。

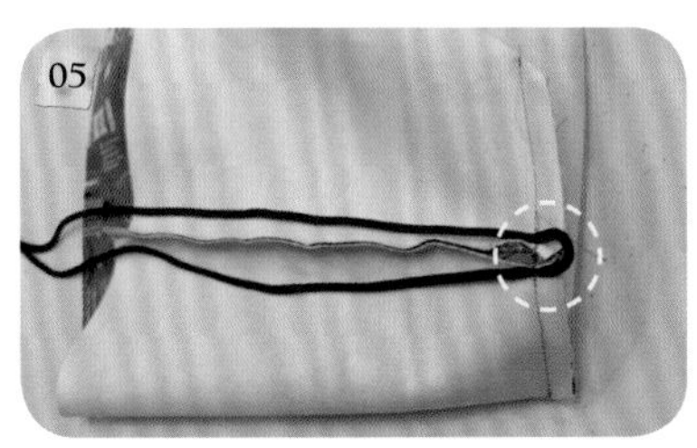

将棉绳110cm车缝固定于底部，完成外袋。

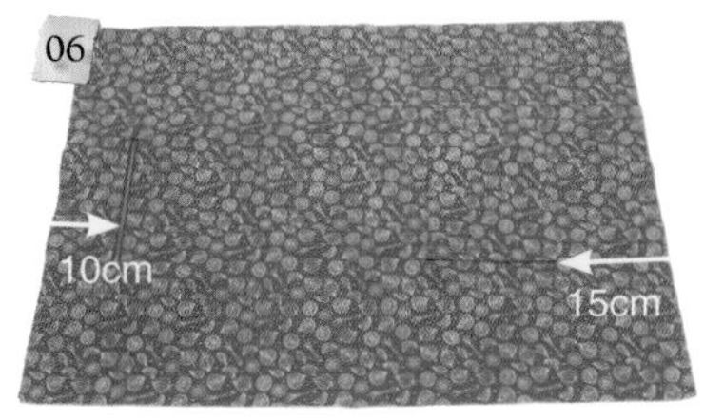

内里布62cm×87cm，烫上厚衬，两端分别在距边15cm处车缝上开放式口袋（25cm×36cm），及距边10cm处车缝上20cm拉链口袋（25cm×50cm，做法参照p.158）。

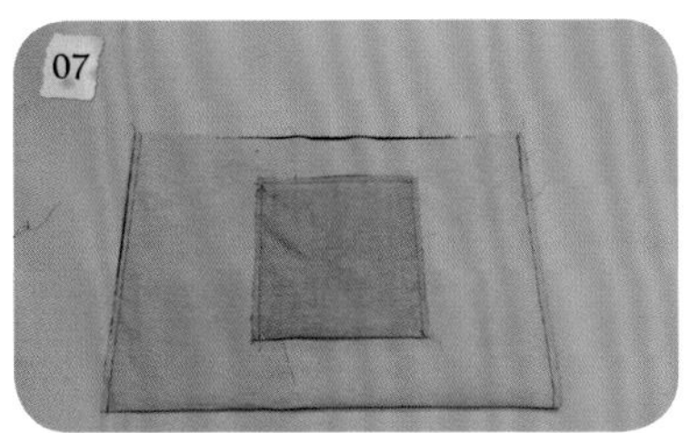

对折左右车缝固定，需预留一返口。

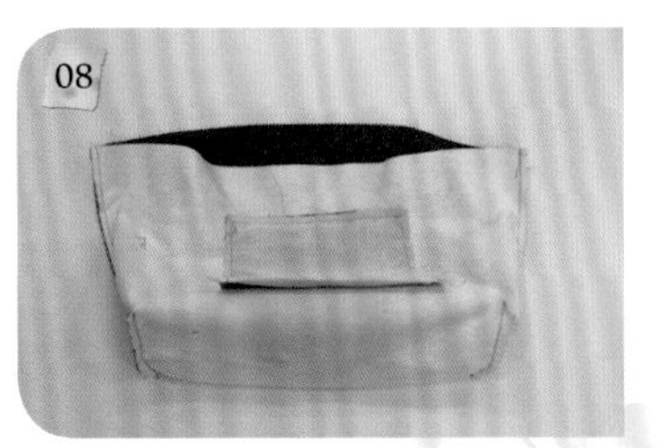

同表布方法，截角20cm并剪掉多余的布，完成内袋。

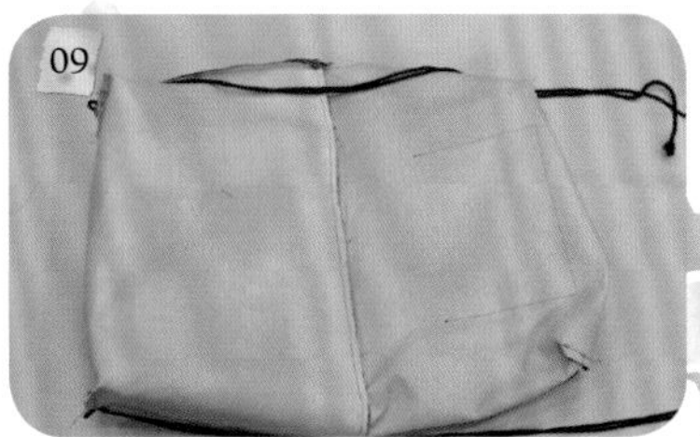

外袋与内袋正面对正面，袋口车缝一圈组合。

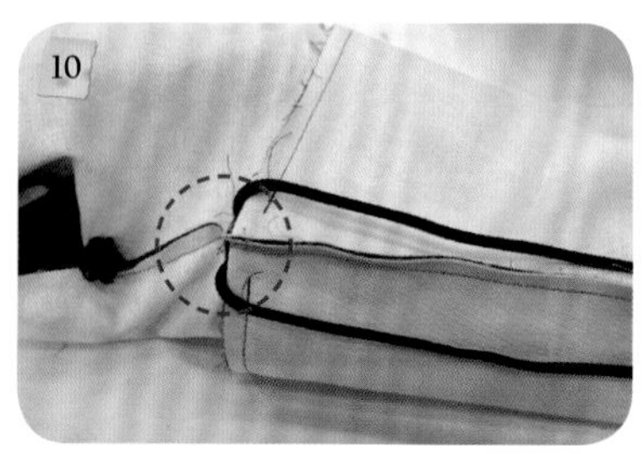
组合时左右侧边接合处各预留2cm洞口。

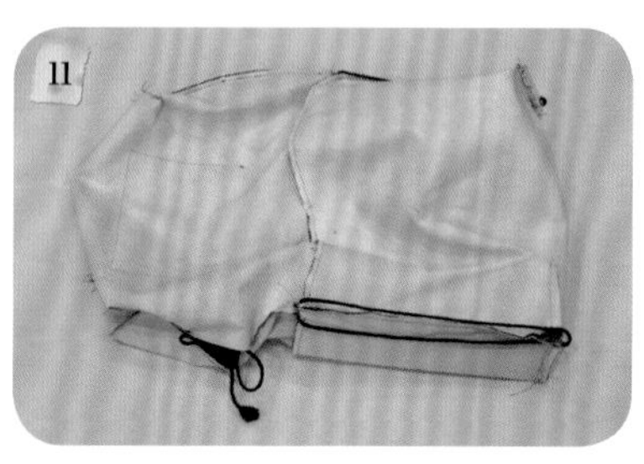
将两侧固定的棉绳由洞口拉至正面。

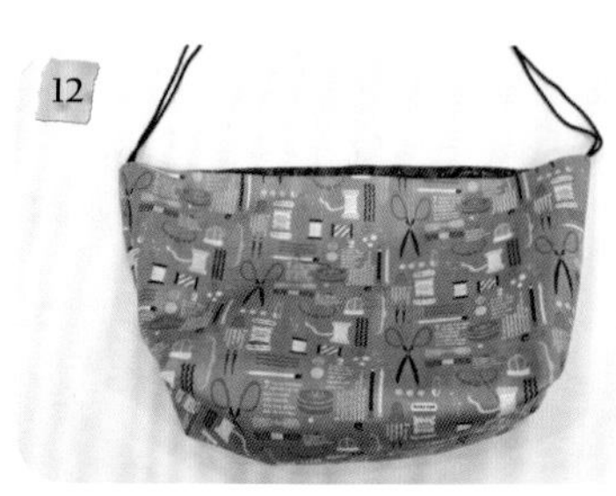
翻回正面。

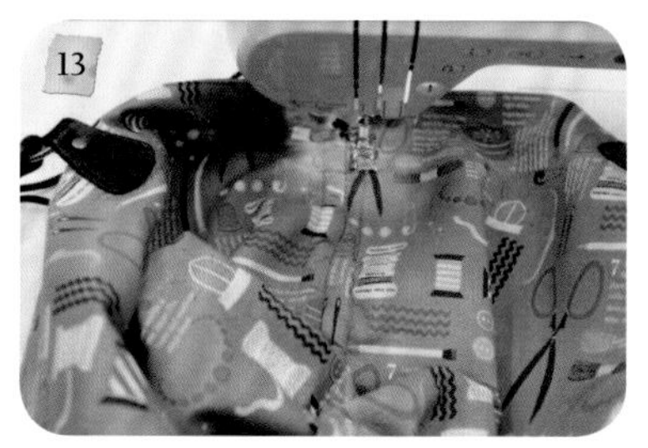
将棉绳固定于中线左右两侧。

将棉绳固定于中线左右两侧（珠针协助固定），车缝接合线（切勿车缝到棉绳）。

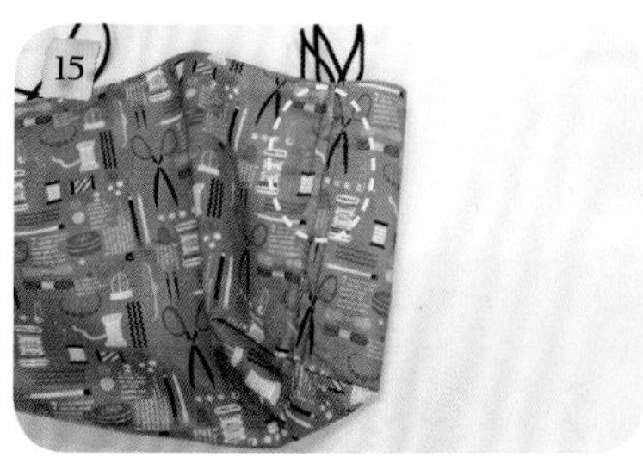
棉绳左右两侧车缝一道固定线（不可车缝到棉绳）。

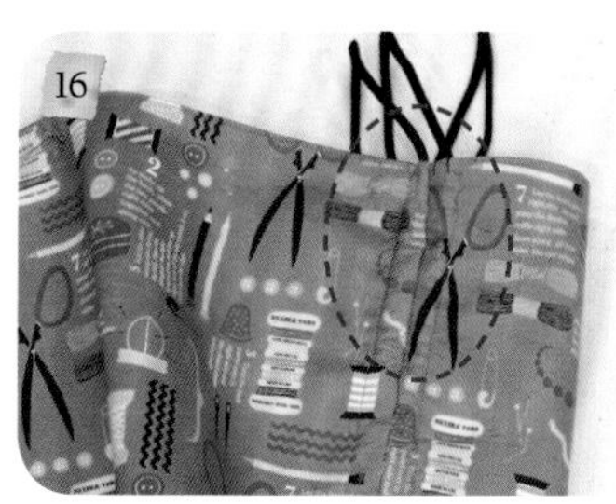
放大图（共车缝三道线）。

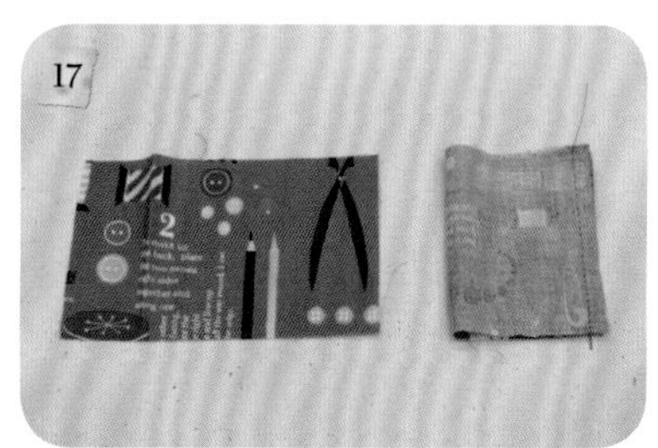
裁8cm×13cm两片郁金香布，对折车缝固定。

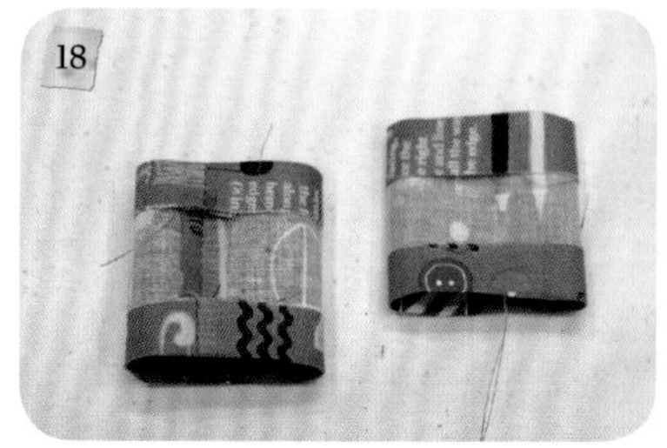
两端往内折1.5cm。

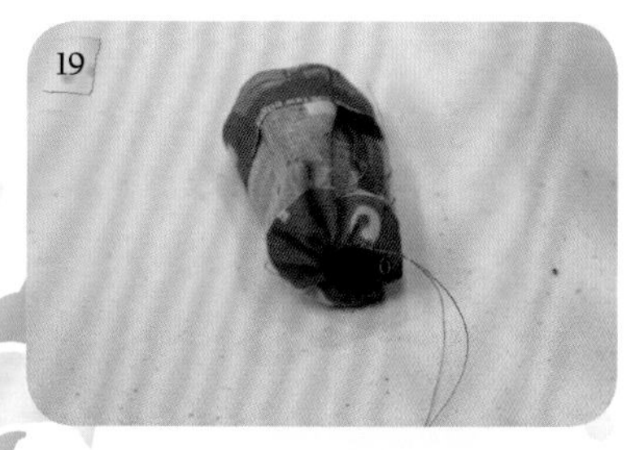
缩缝一侧。

棉绳穿入缩缝洞口后打结，缩缝固定。

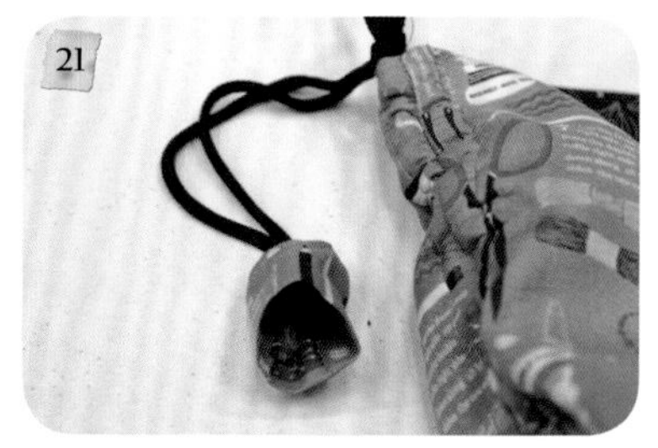
往下翻回正面。

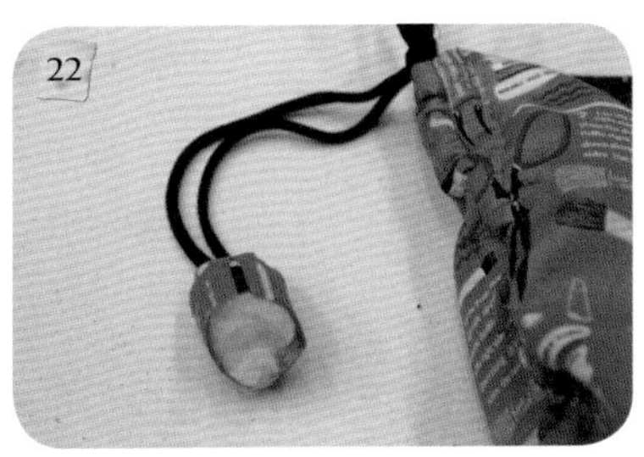

塞入少许棉。

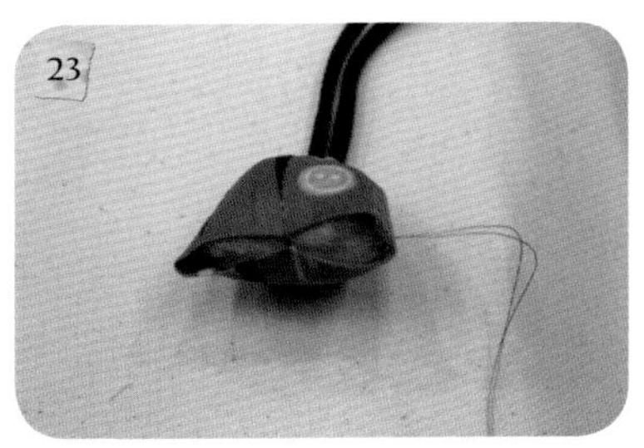

前后中线缝合。

再左右中线缝合，完成装饰郁金香。

缝上提手（间距17cm），袋口中心点缝上磁扣，完成作品。

参照原寸纸型D面

椭圆时尚手提包

材料：

袋身表布：30cm×30cm 2片
咖啡色点点布袋身：30cm×30cm 2片
侧边下段：56cm×13cm 1片
侧边上段：40cm×13cm 1片
深咖啡色布：出芽斜布3cm×95cm 2条
滚边斜布4cm×37cm 2条
扣耳布7cm×8cm 2片
里布：75cm×110cm 1片
薄衬：150cm×110cm 1片
铺棉：50cm×100cm 1片
拉链：15cm 1条、30cm 1条
提手：1组

做法：

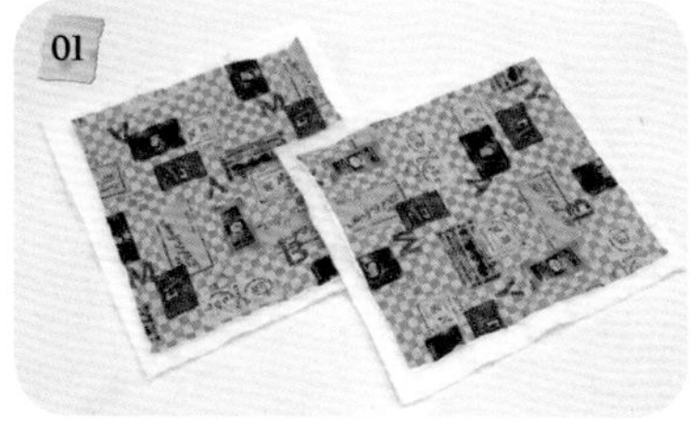

01 裁袋身表布30cm×30cm两片，烫上薄衬后铺棉，再烫薄衬共四层，最后开始压线。

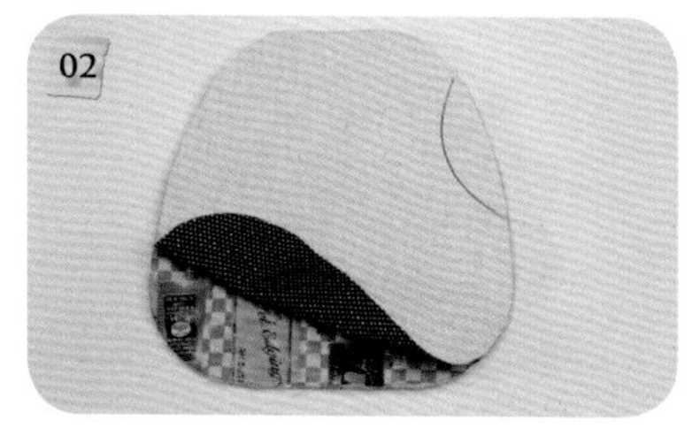

02 取咖啡色点点布袋身30cm×30cm一片烫薄衬，依纸型剪下，两片正面相对，车缝弧线。

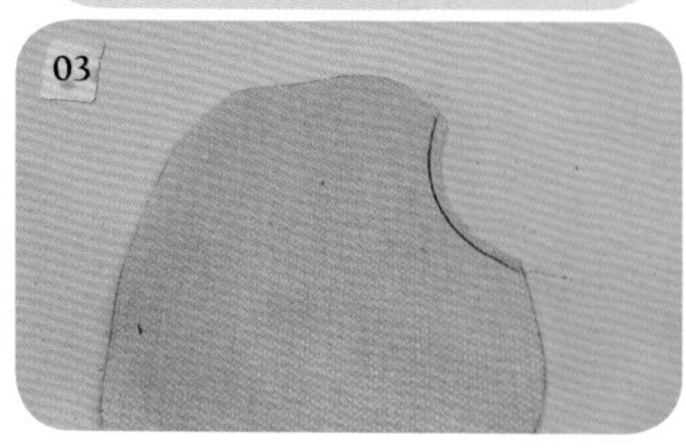

03 依弧度剪下，需预留缝份。

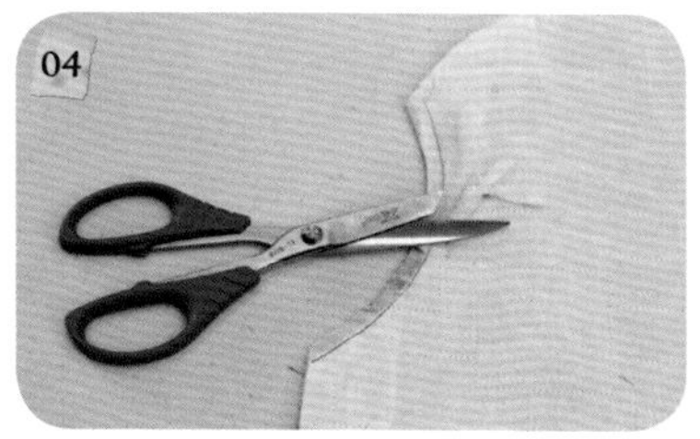

04 缝份外铺棉部分修剪掉。

05 翻回正面，距边0.5cm处车缝固定，完成外口袋。

06 裁剪咖啡色点点布袋身30cm×30cm一片，烫上薄衬后铺棉，再烫薄衬共四层，最后开始压线。

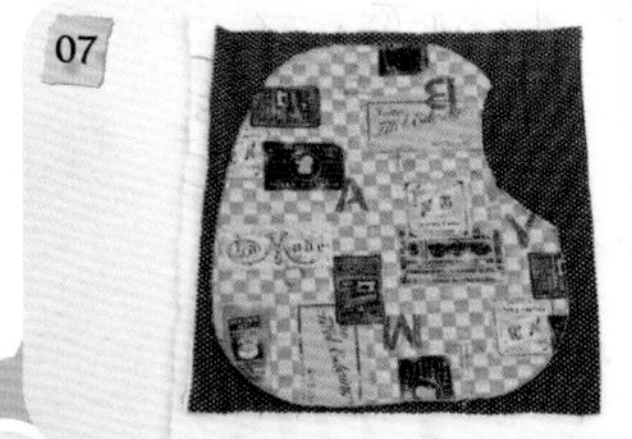

07 将外口袋置于上方。

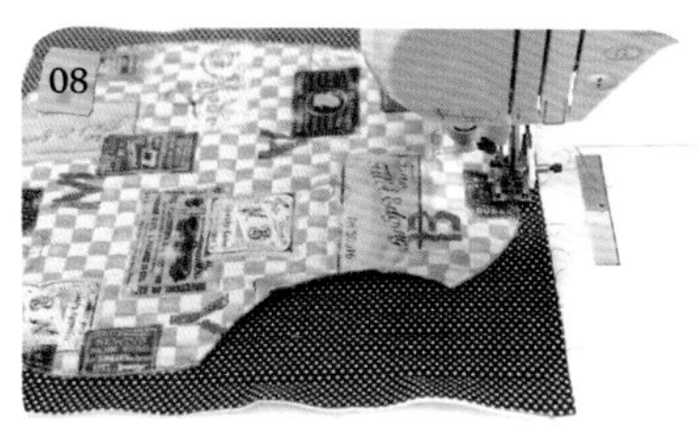

08 沿边车缝0.5cm。

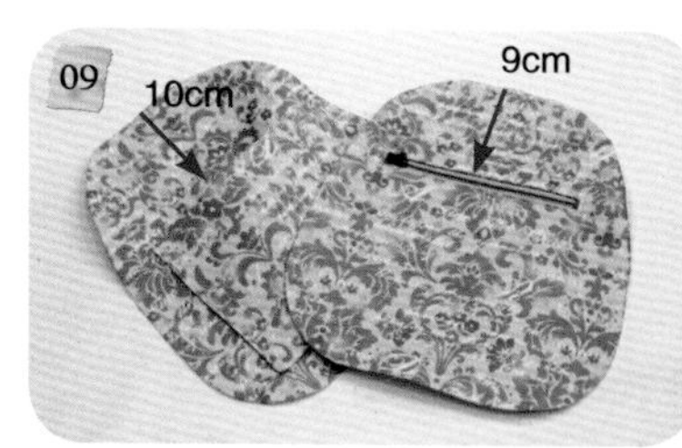

09 裁剪内里30cm×30cm两片，烫薄衬，分别在距上端9cm处车缝上15cm拉链口袋（20cm×30cm，做法参照p.158）及10cm处车缝上开放式口袋（18cm×38cm）。

10 内里与表布背面相对车缝固定，车缝上出芽斜布（3cm×95cm两条，做法参照p.155）。

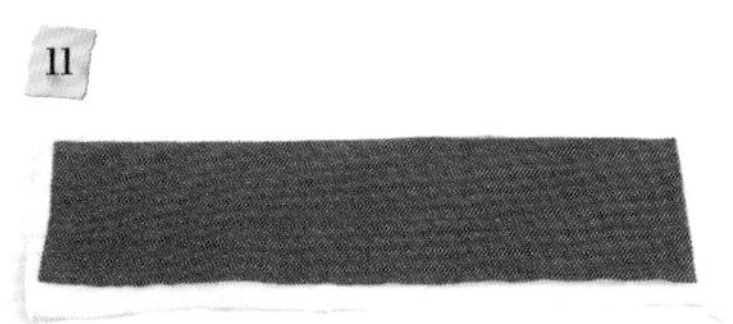

11 裁侧边下段布56cm×13cm一片，烫上薄衬后铺棉，再烫薄衬共四层，压线完成后，依纸型裁齐。

12 裁剪内里56cm×13cm，烫上薄衬，依纸型裁齐。

13 裁侧边上段布40cm×13cm一片，烫上薄衬后铺棉，再烫薄衬共四层，压线完成后，依纸型裁齐。

14 裁剪40cm×13cm内里布，烫上薄衬后，表布及内里依纸型裁齐。

15 表布及内里背面对背面车缝固定，并车缝上滚边布（4cm×37cm）。

16 裁布7cm×8cm两片扣耳布，对折车缝，烫开缝份，翻回正面，对折车缝固定。

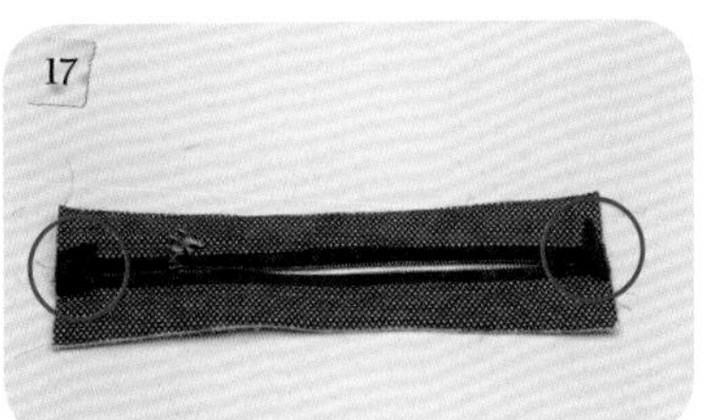

17 对折的布片固定于两侧，并车缝上30cm拉链，完成上段侧边。

18 上段侧边与下段侧边组合，再与内里布组合。

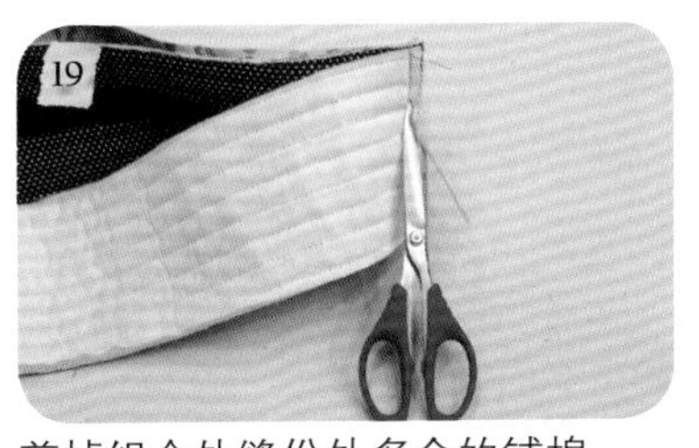

19 剪掉组合处缝份外多余的铺棉。

20 翻回正面。

21 距边0.5cm处车缝一圈固定。

22 侧边与前后片组合。

23 组合的缝份使用滚边斜布包边装饰。

24 缝上提手（间距8cm），完成作品。

怀旧情愫肩背包

材料：

文字表布

前后袋身：55cm×33cm 2片
底部：55cm×15cm 1片

深咖啡色表布

提手：38cm×7cm 4片
55cm×8cm 2片
左右侧带：30cm×7cm 2片
里布：90cm×110cm 1片
薄衬：180cm×110cm 1片

铺棉：60cm×100cm 1片
拉链：15cm 4条、20cm 1条、45cm 1条
PE板：10cm×37cm 1片
包扣：24mm 4颗
口形环：3cm 4个
织带：2.5cm×36cm 4条、2.5cm×30cm 2条、3cm×53cm 2条

做法：

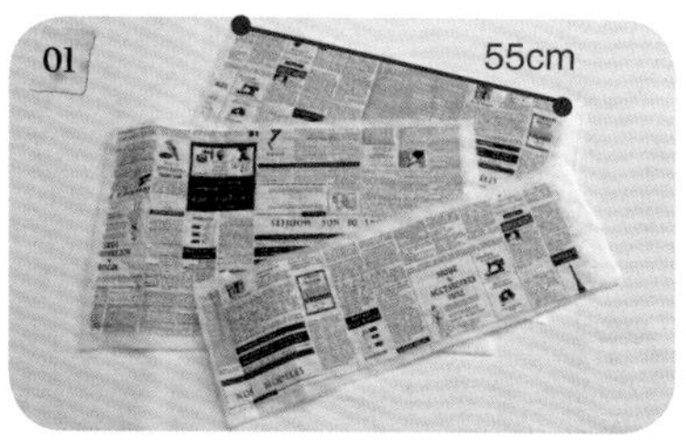

裁前后袋身表布55cm×33cm两片、底部55cm×15cm一片，烫上薄衬后铺棉，再烫薄衬共四层，最后开始压线。

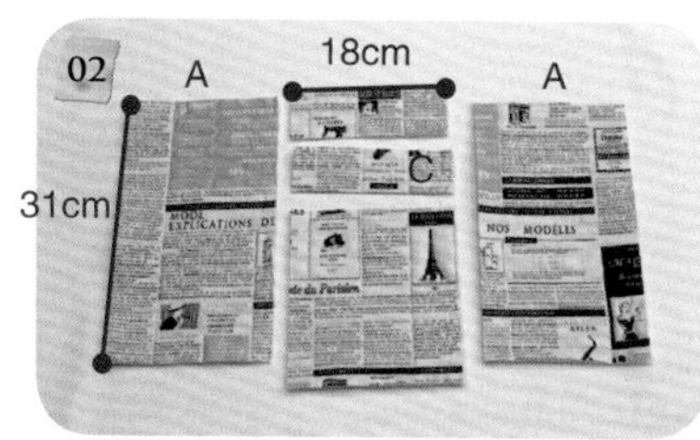

前后片表布压线完成，分别裁成53cm×31cm，再裁成如图A17.5cm×31cm两片、B18cm×6cm一片、C18cm×5cm一片、D18cm×20cm一片。

取D片及内里裁成18cm×20cm烫薄衬，15cm拉链置中，上缘以拉链压脚车缝固定。

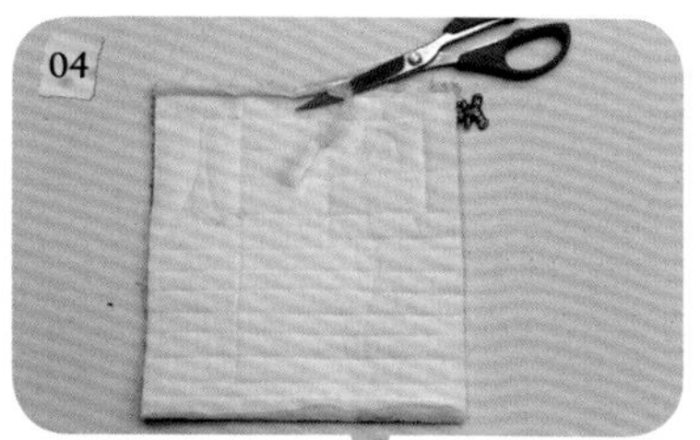

车缝固定后剪掉缝份外多余的铺棉。

翻回正面，沿拉链边车缝固定。

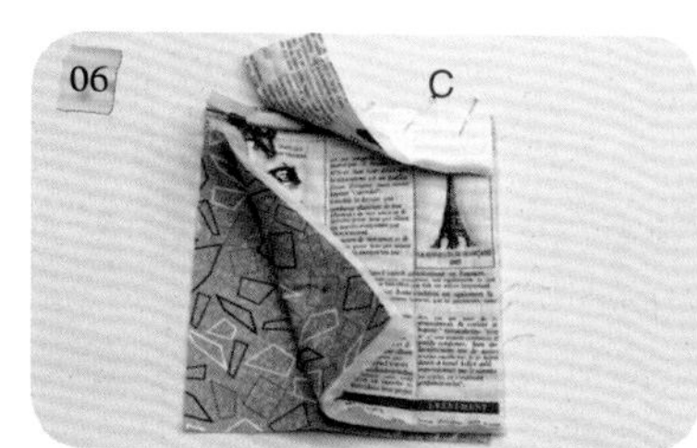

裁内里布18cm×21cm烫薄衬，放在最下面，取C片盖上，上缘再以拉链压脚车缝固定。

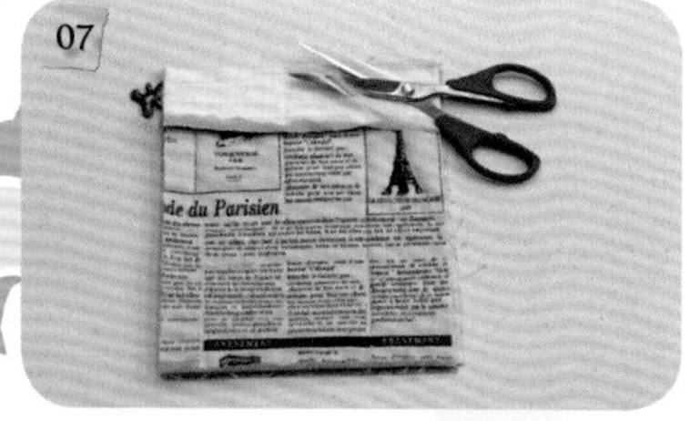

车缝固定后用同样方法将缝份外的铺棉剪掉。

翻回正面，沿拉链边车缝固定。

第一条拉链完成图。

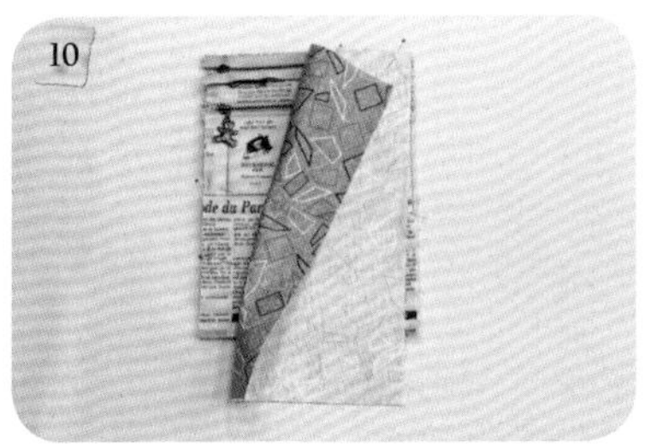

再裁内里布18cm×30cm，烫薄衬，15cm拉链置中，上缘以拉链压脚车缝固定。

再翻回正面，沿拉链边车缝固定。

沿拉链边车缝固定完成图。

再裁内里布18cm×6cm，烫薄衬，放在最下面，取B片盖上，上缘再以拉链压脚车缝固定。

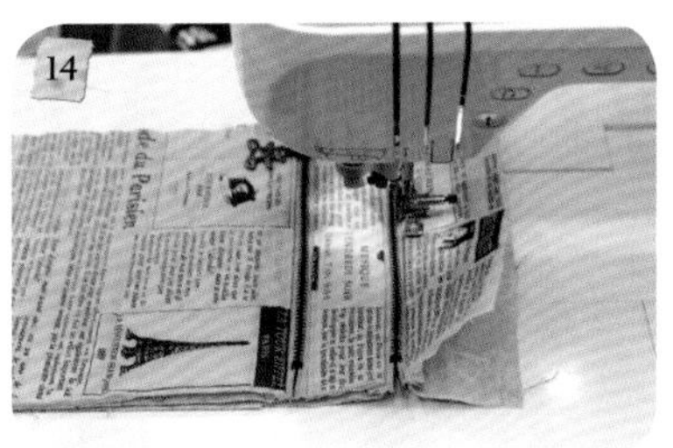

再翻回正面，沿拉链边车缝固定。

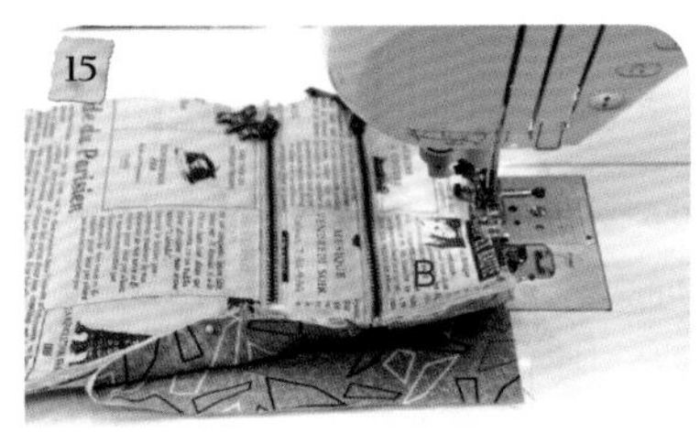

将步骤10的内里18cm×30cm往上折，与B片组合。

中间拉链片表布组合完成。

将A布片与中间拉链片表布组合，选择缝纫机上⌇形图案，幅宽调至5.0，将布片连接。

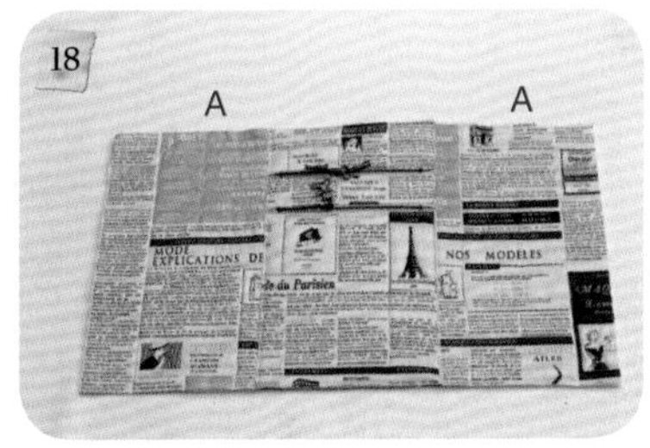

组合完成，一样方法再制作一片（因前后共需两片）。

裁提手布38cm×7cm四片，对折车缝，烫开缝份。

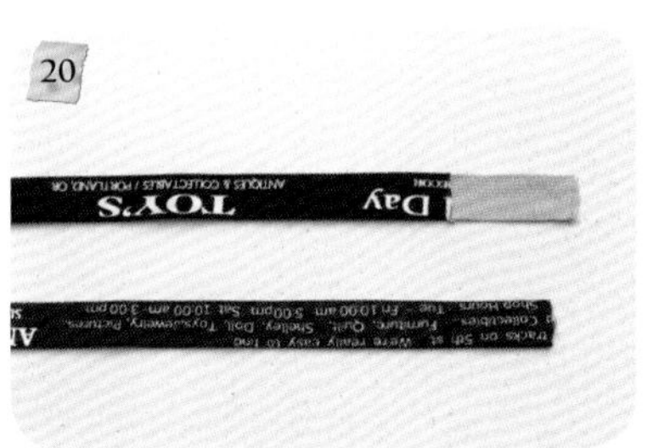

翻回正面，穿入2.5cm宽织带。

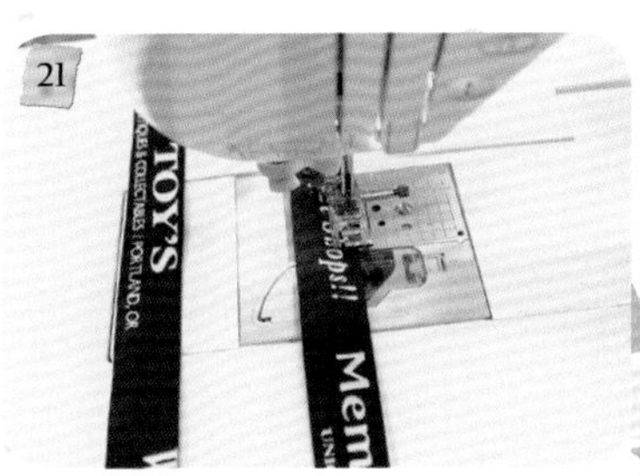

左右距边0.2cm处车缝固定。

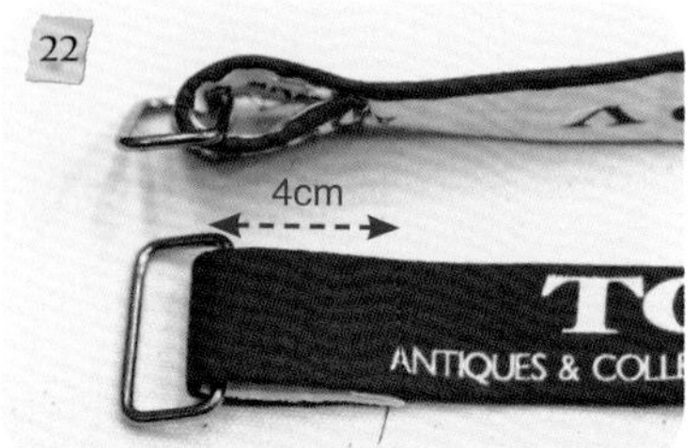

一端套入口形环后往下折4cm车缝固定。

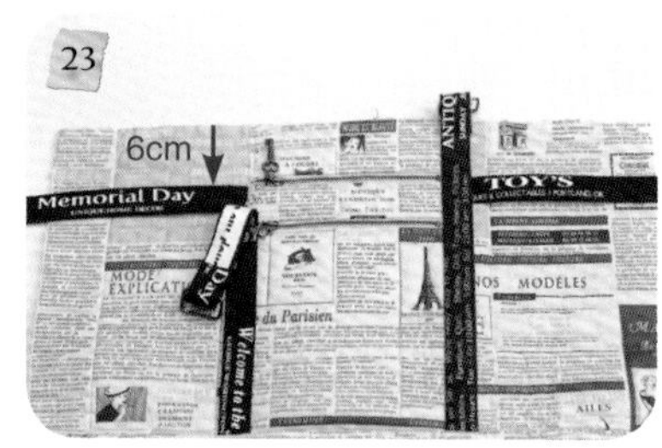

左右侧带30cm×7cm两条，以同样方法穿入织带，先固定于距边6cm处，再将穿有口形环提手盖上接合线。

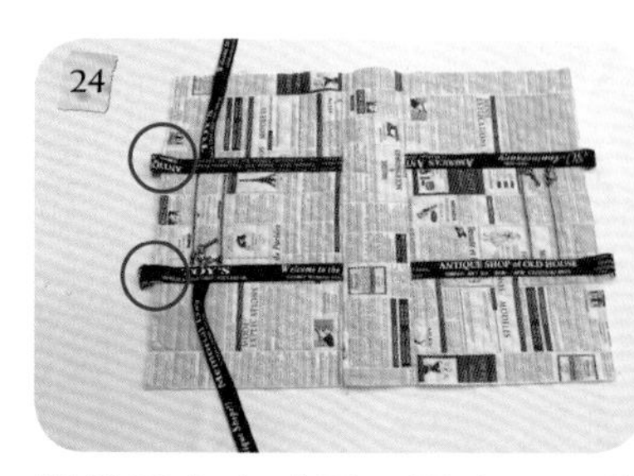

织带固定完成图，距边4cm处均不车缝，并与底（裁齐为12.5cm×53cm）结合成一片。

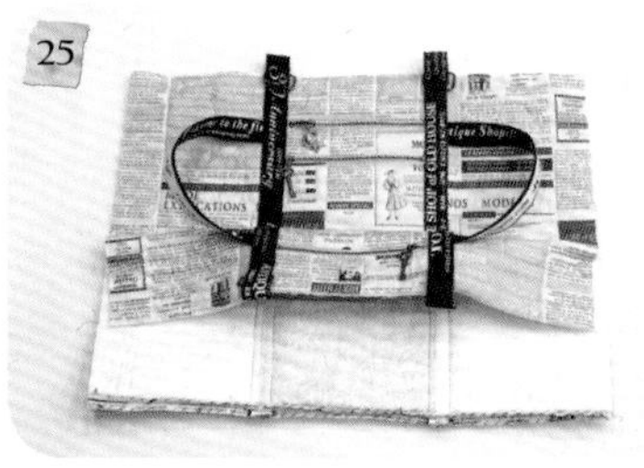

将侧边织带固定于对侧，再将口形环提手车缝上，一样在距边4cm处皆不车缝，整个袋子再对折，将左右车缝固定。

接合线拨开缝份后以卷针缝缝合，底部截角11cm。

剪去截角多余的铺棉。

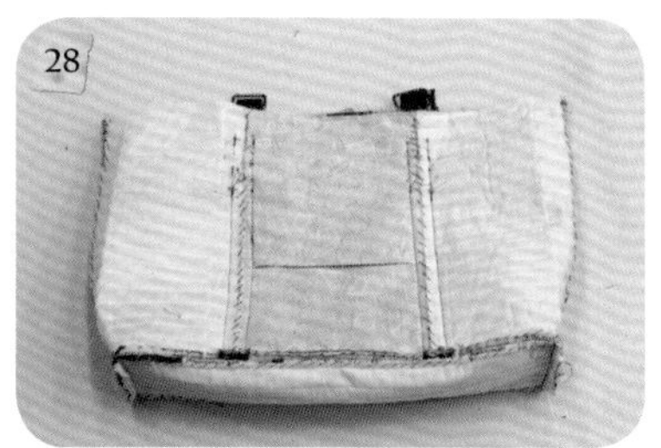

外袋完成背面图。

外袋完成正面图。

裁剪提手布8cm×55cm两片，对折车缝后烫开缝份，翻回正面，穿入3cm×53cm织带。

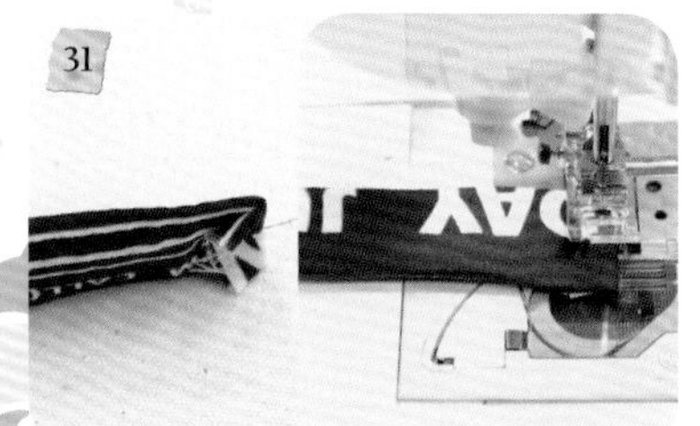

末端多余的布反折后车缝固定。

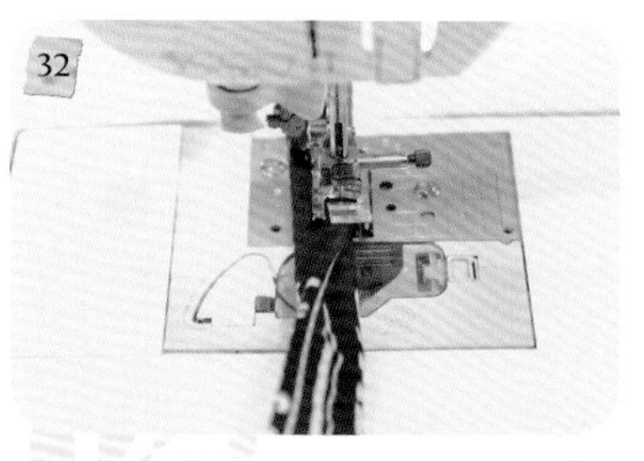

末端各预留8cm不车缝，中段对折车缝固定。

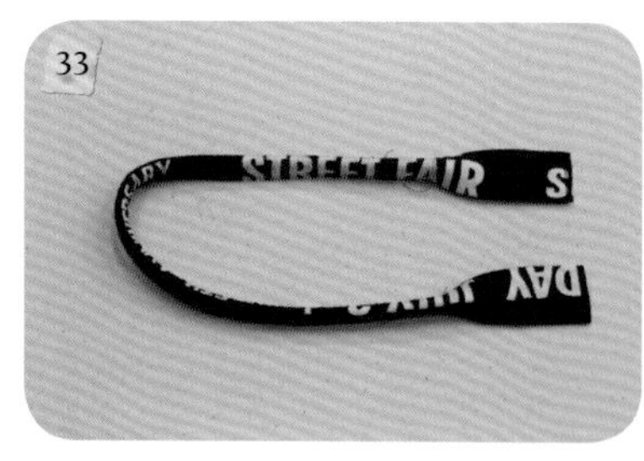

提手完成图。

提手末端穿过口形环，反折固定。

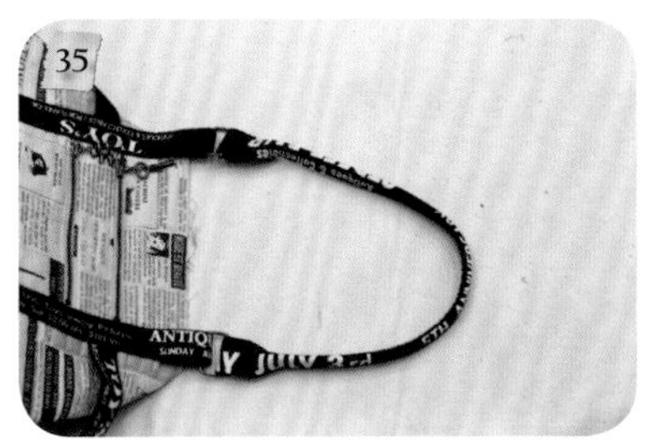

提手车缝固定完成图。

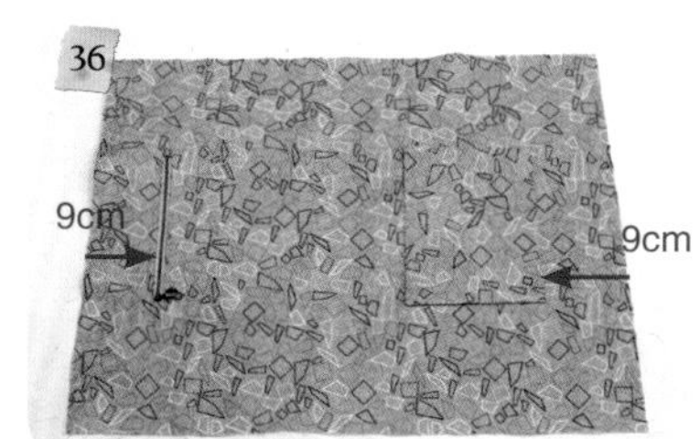

裁72cm×53cm内里布，烫薄衬，在距边9cm处分别车缝上长20cm拉链口袋（裁布25cm×45cm，做法参照p.158）及开放式口袋（裁布28cm×25cm）。

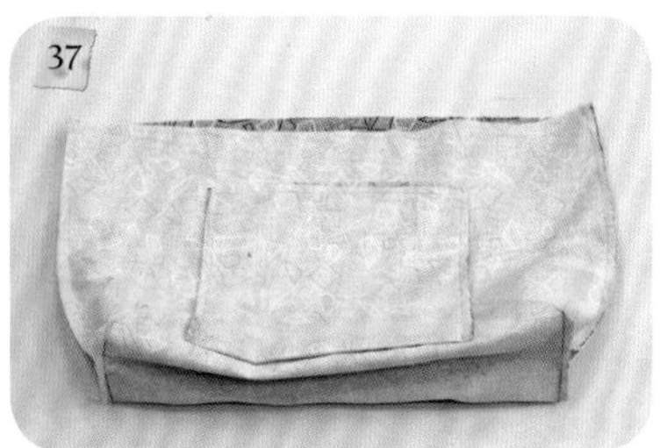

对折后左右车缝固定，底部截角11cm。

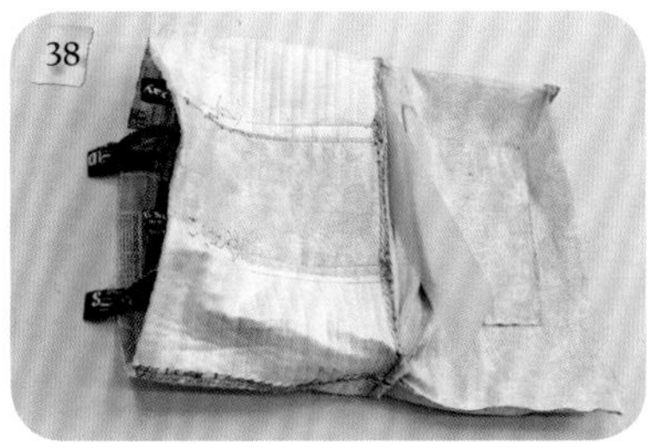

内袋与外袋，底对底缝数针固定，置入PE板。

翻回正面，上滚边布。

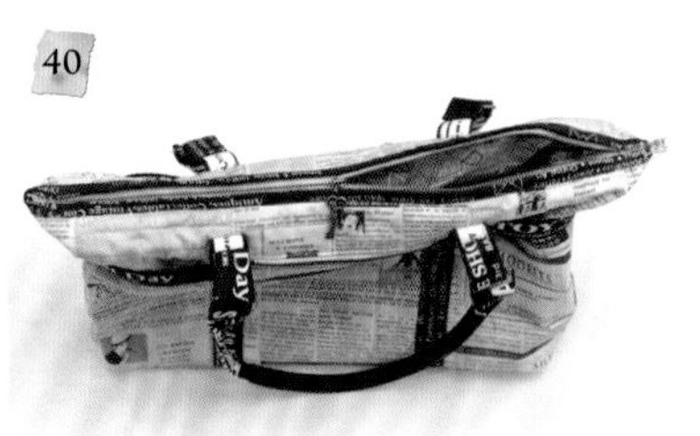

车缝上长45cm的拉链。

末端车缝3cm固定。

对贴包扣（藏针缝）装饰。

完成作品。

参照原寸纸型C面

马甲礼服肩背包

材料：

紫色表布

袋身：50cm×35cm 2片

底布：38cm×18cm 1片

蝴蝶结：120cm×4cm 2条

滚边斜布：4cm×95cm

花表布

前后口袋：58cm×55cm 2片

拉链口布：5cm×37cm 2片

里布：75cm×110cm 1片

薄衬：150cm×110cm 1片

厚衬：60cm×110cm 1片

铺棉：40cm×150cm 1片

拉链：20cm 1条、35cm 1条

鸡眼扣：10mm 20颗

提手：1组

PE板：12cm×31cm 1片

做法：

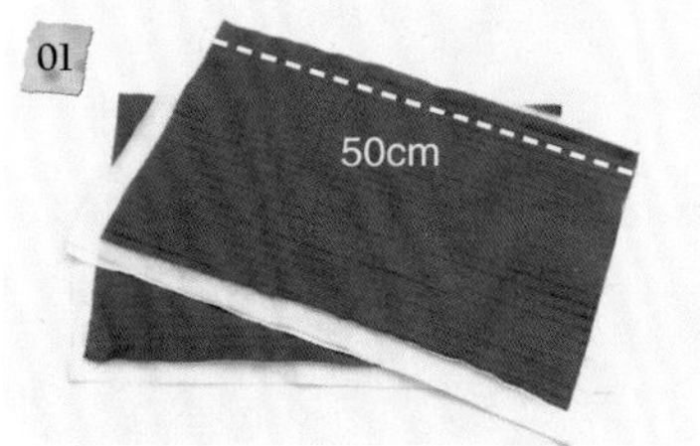

裁两片35cm×50cm袋身表布，烫衬后铺棉，铺棉后再烫薄衬，最后开始压线。

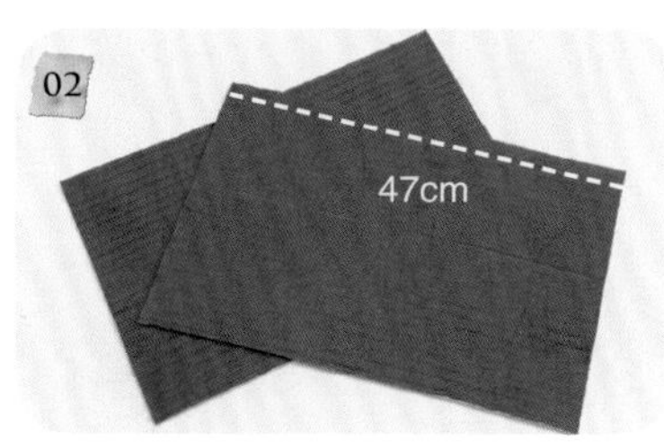

压线完成后裁剪为33cm×47cm。

裁一片18cm×38cm底布表布，烫衬后铺棉，铺棉后再烫薄衬，压线完成依纸型裁剪。

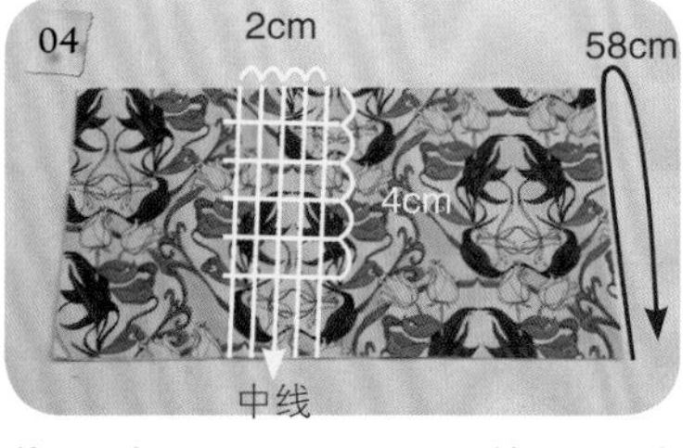

裁两片58cm×55cm前后口袋布，烫厚衬对折烫平，左右间距2cm、上下间距4cm，画出的交叉点为鸡眼扣位置。

鸡眼扣放大图（中线左侧两个标示交叉点对齐打上鸡眼扣，右侧方法相同）。

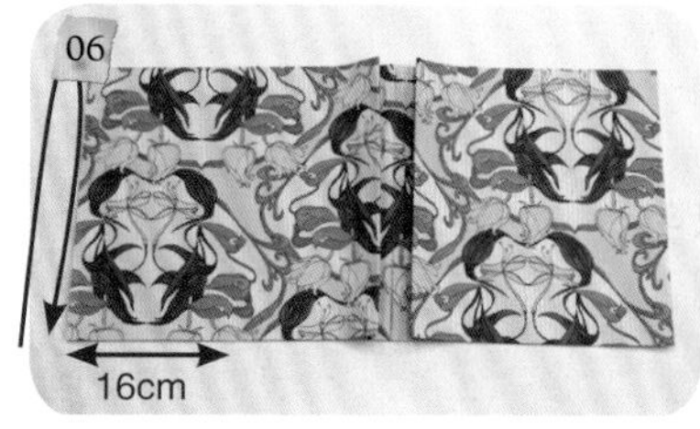

一片距左侧16cm、一片置中处（如步骤4画出压扣位置），钉压扣。

折处的放大图。

依画好的鸡眼扣位置打上鸡眼扣完成图。

前口袋置于紫色袋身上，万用压脚对齐左侧及右侧，分别车缝一道固定线，将前口袋固定于袋身。

袋身与前口袋固定完成图。

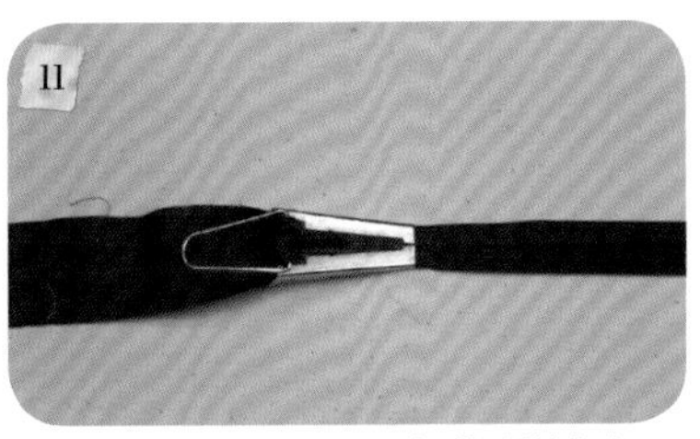

裁4cm×120cm两条蝴蝶结布，使用红色滚边器整烫。

整烫后对折，沿边车缝一道固定线。

完成的带子穿入鸡眼扣后打个蝴蝶结。

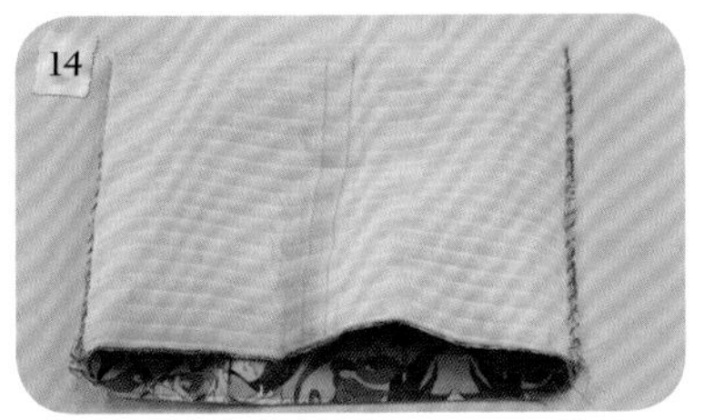

完成蝴蝶结装饰后，两片表布正面对正面，左右车缝固定，拨开缝份后以卷针缝缝合（会使包较挺）。

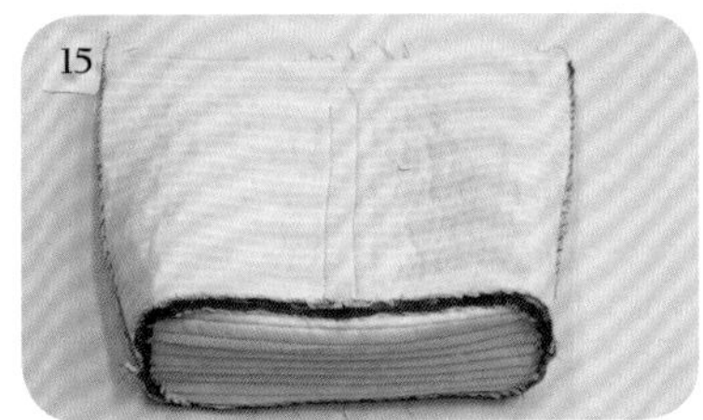

再与袋底组合，完成外袋。

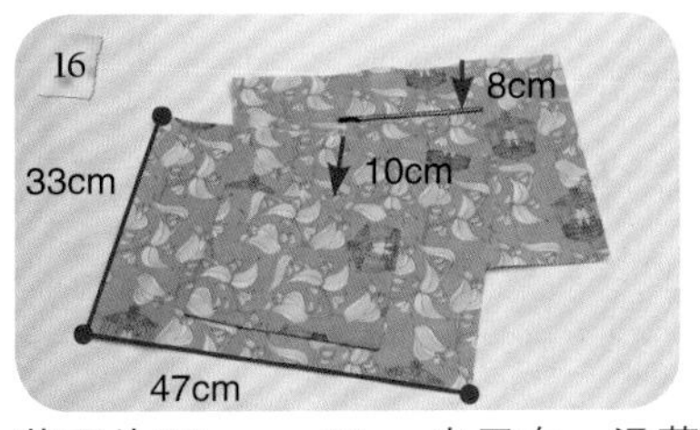

裁两片33cm×47cm内里布，烫薄衬，一片距上边10cm处车缝上开放式口袋（26cm×40cm），一片距上边8cm处车缝上长20cm拉链口袋（25cm×48cm）。

内里袋底裁15cm×35cm烫薄衬，再依纸型剪下。

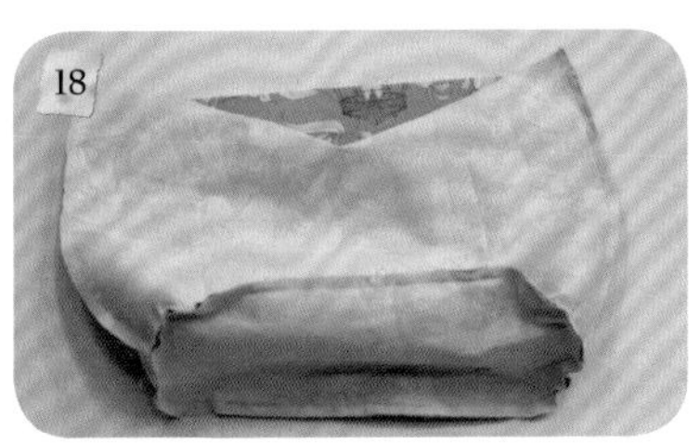

内袋组合完成。

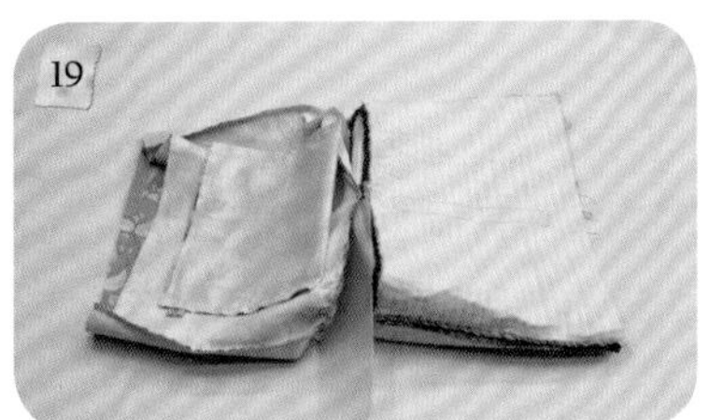

内袋与外袋底对底缝数针固定，置入PE板。

翻回正面，上缘距边0.5cm处车缝一圈固定。

外侧车缝上一侧的滚边布。

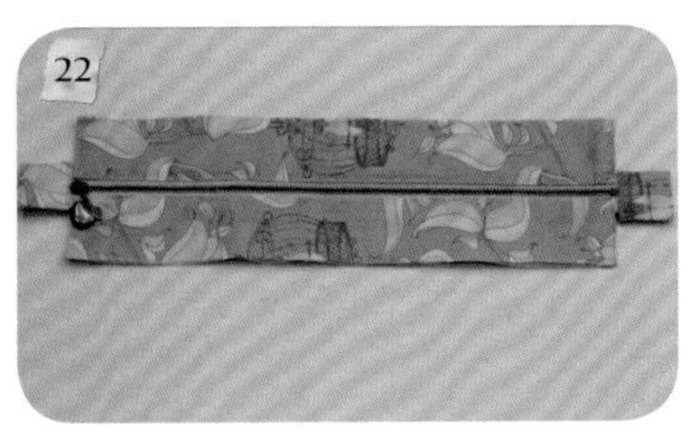

制作35cm拉链口布（表里裁5cm×37cm各两片，做法参照p.154）。

拉链口布固定于袋口，缝上另一侧滚边布。

缝上提手（间距14cm），完成作品。

参照原寸纸型 A 面

扶桑花语双袋斜背包

材料：

表布：60cm依纸型取图

蓝色布

滚边斜布：4cm × 70cm 1片、4cm × 65cm 2片

里布：60cm × 110cm 1片

厚衬：120cm × 110cm 1片

拉链：15cm 1条

鸡眼扣：17mm 8颗

铜环：2个

斜背带：1组

书包扣：1组

做法：

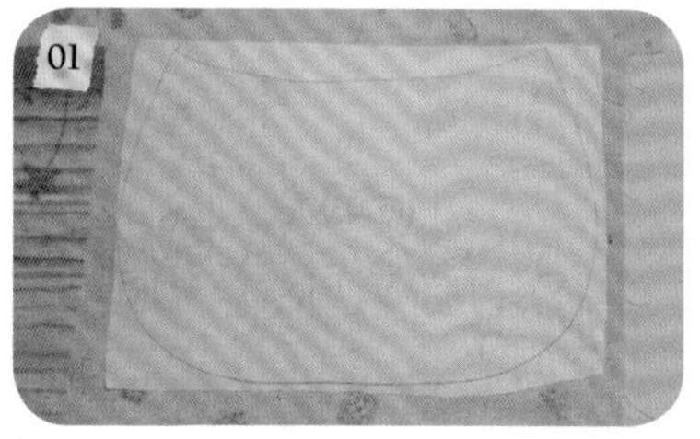

依纸型画于厚衬上，剪下约图形的大小，选取所要的位置后烫于表布背面处。

依画下的图形剪下共四片表布。

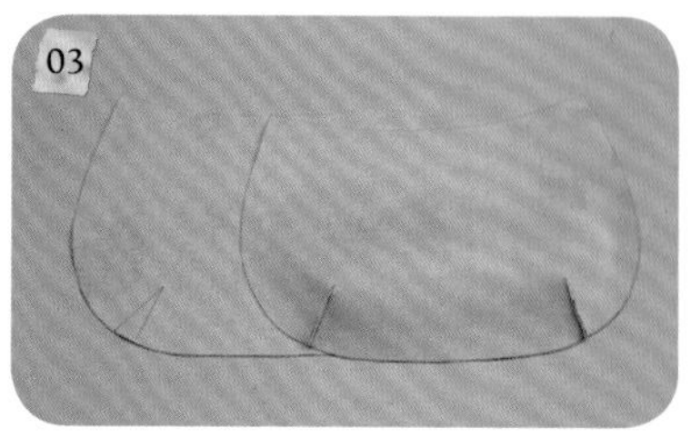

沿截角线抓起，对齐车缝固定。

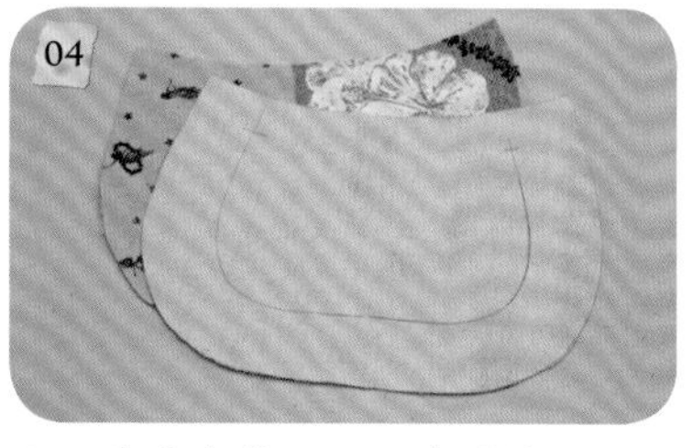

取一片表布背面画上车缝线。

两片表布正面相对，沿画线车缝固定。

再取一片表布，盖住上一步骤中沿线车缝固定的两片表布（中间片折入勿车缝到）。

翻回正面。

依纸型画于厚衬上，方法同表布，剪下袋盖表布与内里，背面对背面固定车缝一圈后上滚边布。

袋盖车缝固定于最后一片表布距边5cm处，车缝线蕾丝盖住作为装饰。

再将步骤7翻回正面的三片组合表布盖上，车缝固定，翻回正面完成外袋。

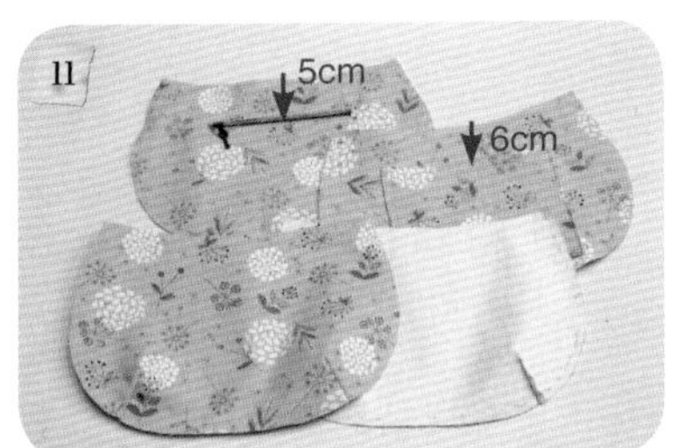

依纸型画于厚衬上，以相同方法，剪下内里共四片，其中一片在距边5cm处车缝上15cm拉链口袋（20cm×32cm，做法参见p.158），一片在距边6cm处车上开放式口袋（20cm×26cm）。

各两片分别组合成为两个内袋。

两个内袋分别套入外袋中，在上缘距边0.5cm处车缝固定。

两个袋口再上滚边布。

左右在距边2cm处钉上17mm鸡眼扣，中心处距边10cm处，钉上书包扣下片。

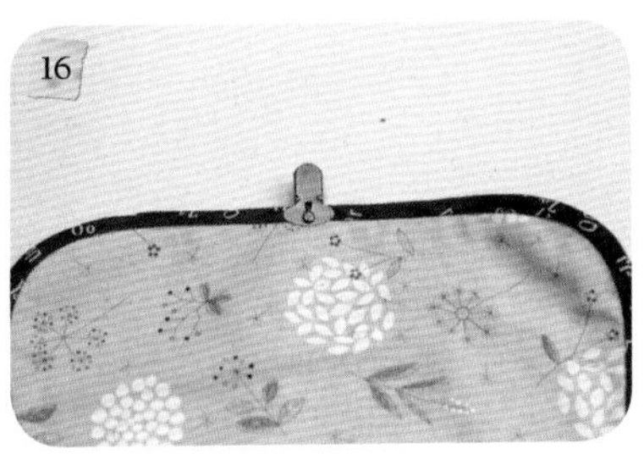

带盖中心处钉上书包扣上片。

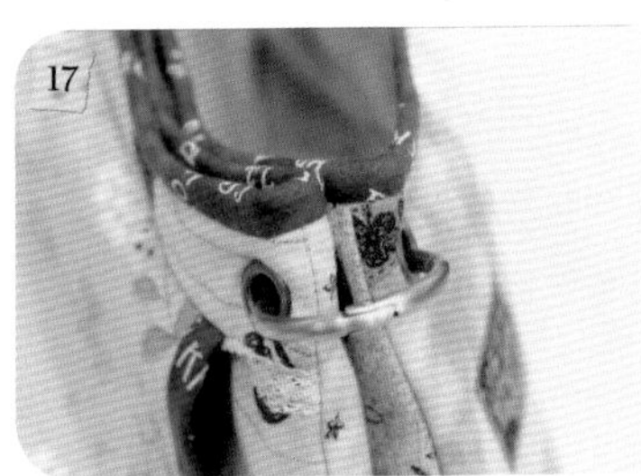

侧面鸡眼扣图。

钩上斜背带，作品完成。

参照原寸纸型 D 面

童趣风手提包

材料：

前后片表布见图示说明

红色表布

- 蝴蝶结带子：4cm×40cm 2条
- 袋身上段：47cm×11cm 2片
- 袋身下段：47cm×8cm 2片
- 底布：35cm×16cm 1片
- 里布：60cm×110cm 1片

薄衬：150cm×110cm 1片
铺棉：50cm×150cm 1片
拉链：18cm 1条
织带：2.5cm×110cm 1片
提手：7cm×110cm
磁扣：1组
PE板：1片

做法：

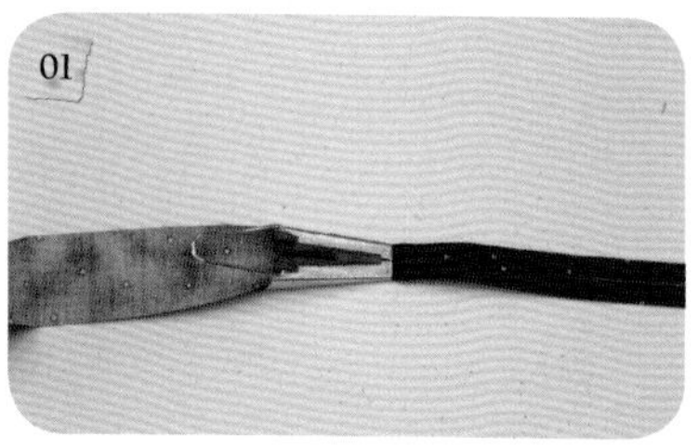

裁4cm×40cm两条蝴蝶结带子，使用红色滚边器整烫。

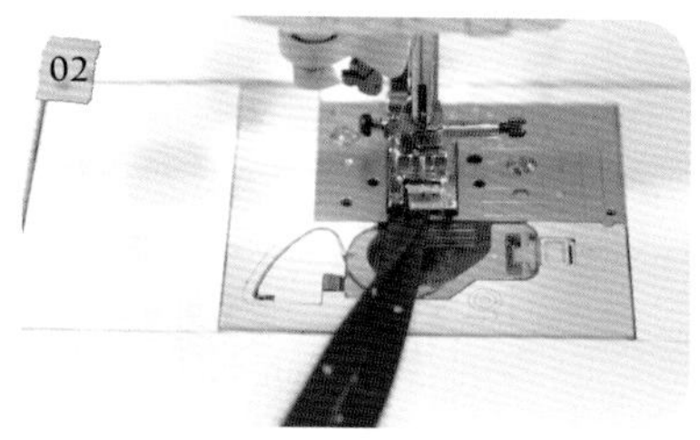

整烫后对折，再沿边车缝固定。

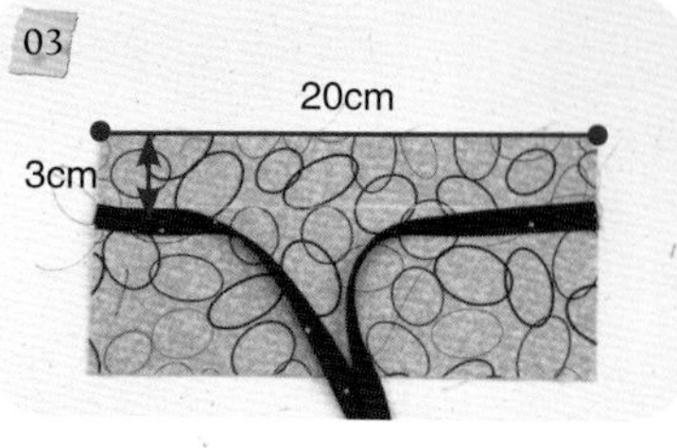

裁布20cm×10cm，在距边3cm处将蝴蝶结带子固定上。

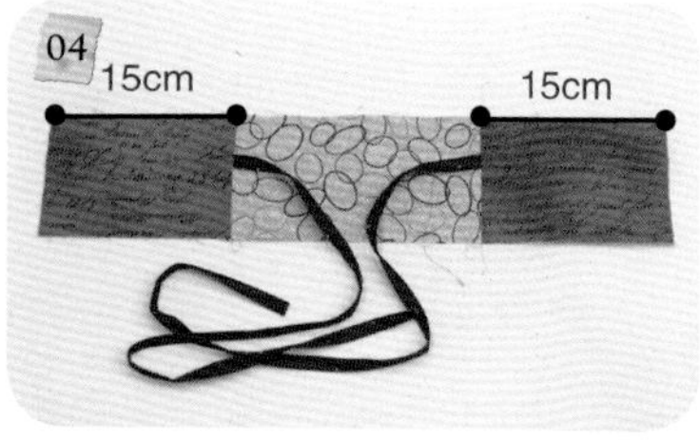

再裁15cm×10cm两片红色布接合于左右两侧。

A47cm×11cm、B14cm×7cm、C14cm×12.5cm、D14cm×3.5cm、E14cm×12cm、F14cm×3cm、G14cm×11cm、H14cm×7cm、I 3cm×47cm、J8cm×47cm组合成一片，烫上薄衬后铺棉再烫薄衬共四层，最后开始压线。

依纸型裁齐。

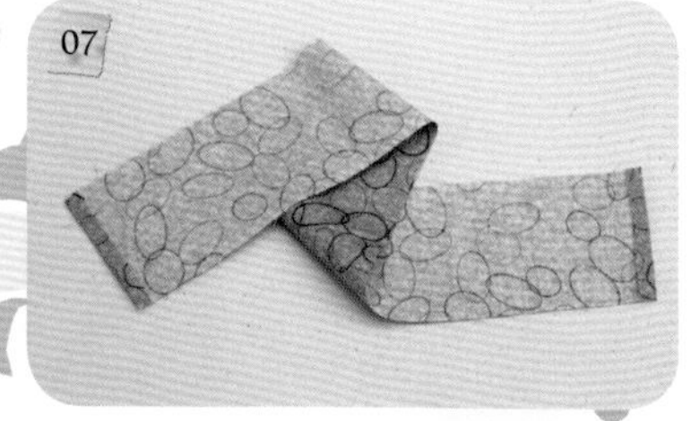

裁褶皱边8cm×52cm两片，前后两端往内折入1cm。

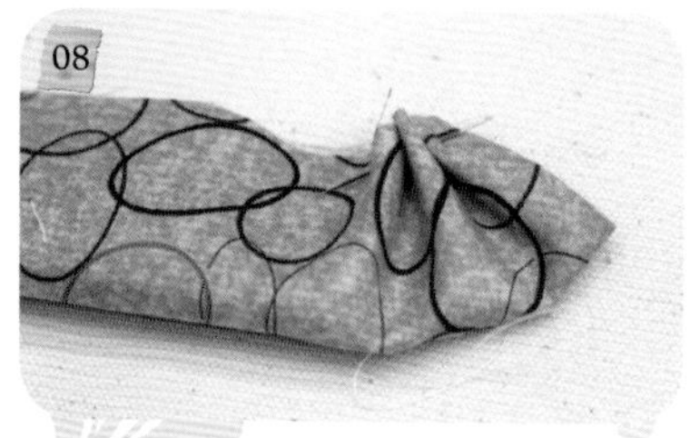

对折后疏缝，两端留一段线方便调整褶皱。

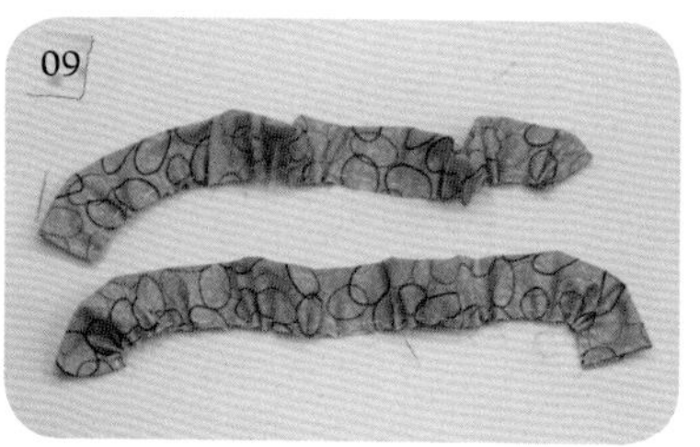

调整褶皱边后约为25cm两条。

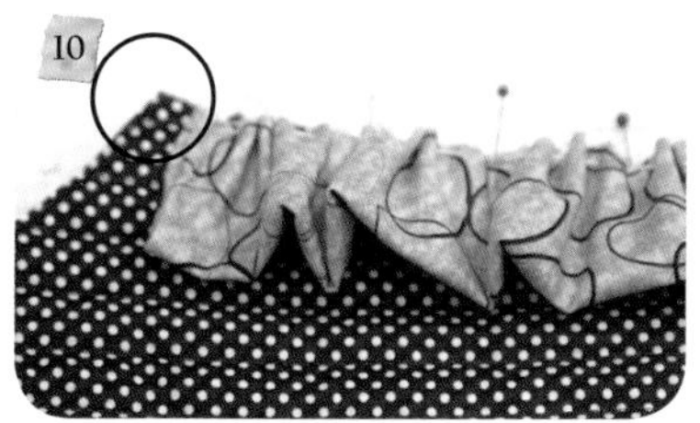

将褶皱边固定于袋口（两片袋身正面相对，左右车缝组合），褶皱距两端各为1cm。

褶皱调整均匀并以珠针固定。

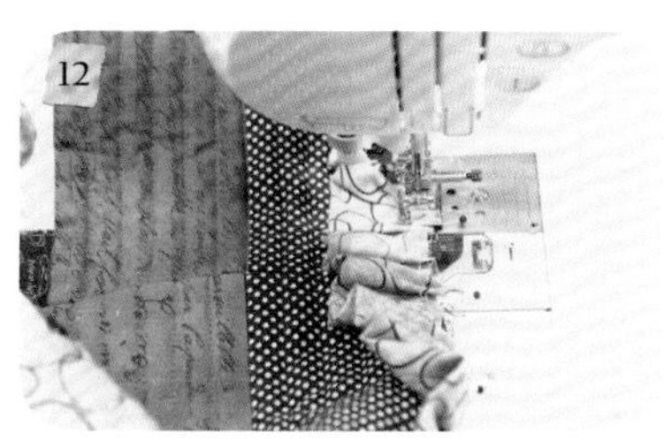

距边0.5cm处将褶皱车缝固定。

两侧褶皱固定完成。

裁16cm×35cm底布，烫上薄衬后铺棉，再烫薄衬共四层，压线完成，依纸型剪下 。

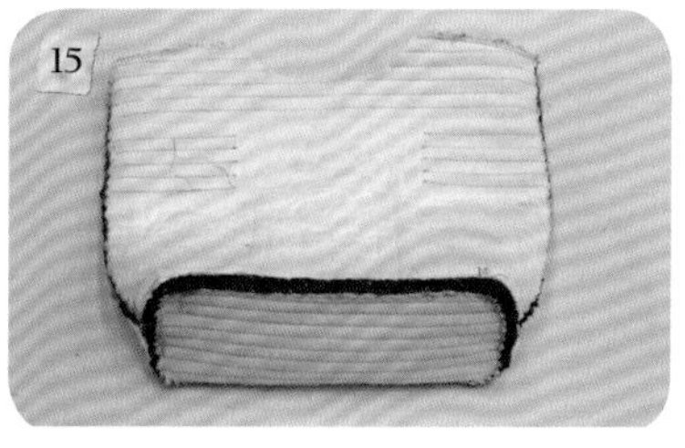

袋身与袋底组合，接合处缝份拨开后以卷针缝缝合，会使包较挺。

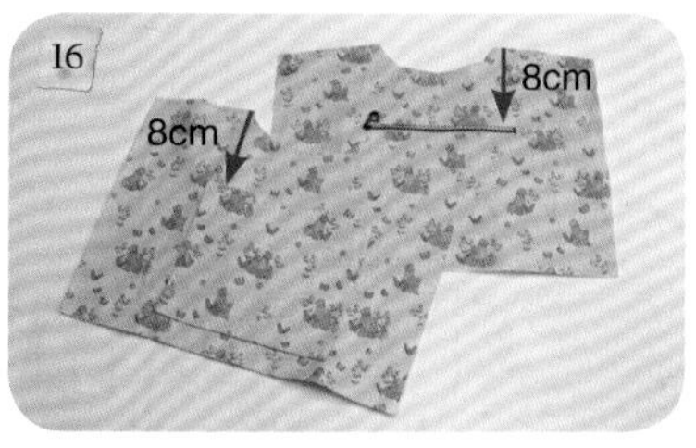

两片内里布烫上薄衬，分别在距上端8cm处，车缝上20cm拉链口袋（25cm×40cm，做法参照p.158）及车上开放式口袋（25cm×30cm）。

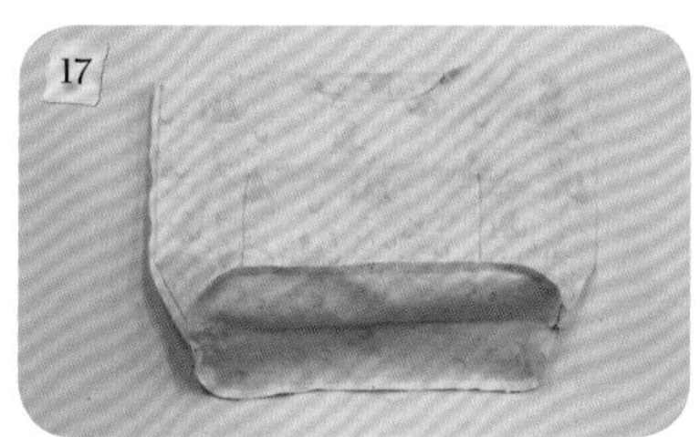

裁16cm×35cm底布，烫上薄衬后，依纸型剪下，与袋身组合完成内袋（需预留一返口）。

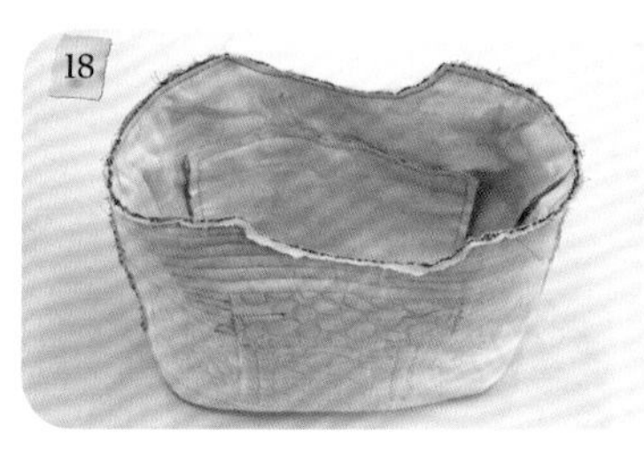

内袋套入外袋，上缘车缝一圈固定。

车缝固定后修剪掉缝份外的铺棉。

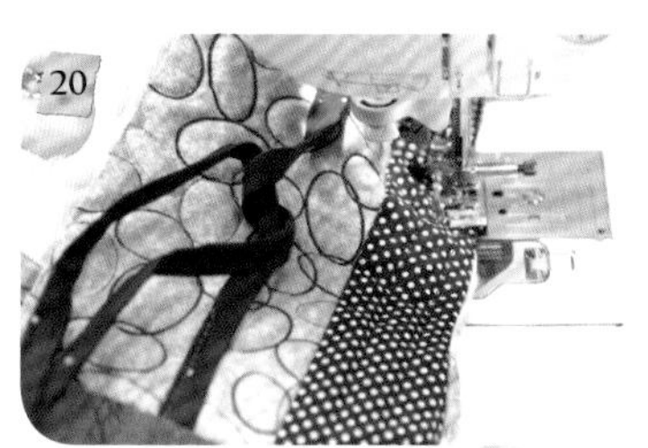

翻回正面，在上缘距边0.5cm处车缝一圈固定。

上缘车缝固定完成。

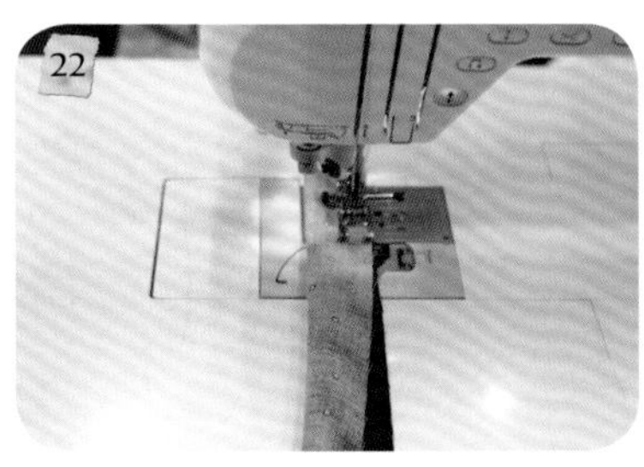

裁7cm×110cm提手布，对折后车缝固定。

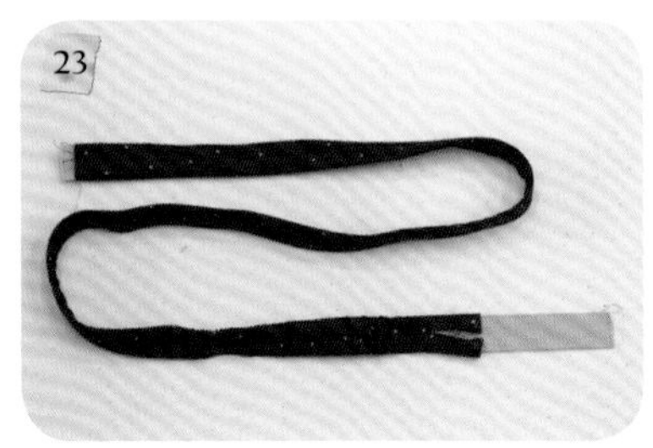

翻回正面，穿入2.5cm×110cm织带。

再穿入褶皱边。

穿入后头尾两端织带车密针接合。

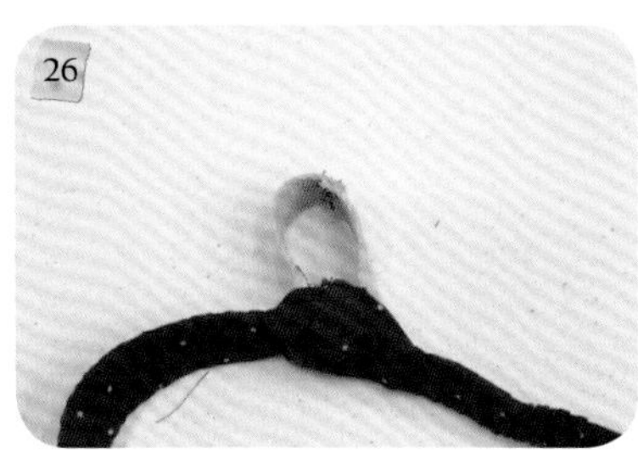

两端布以背面对背面接合完成。

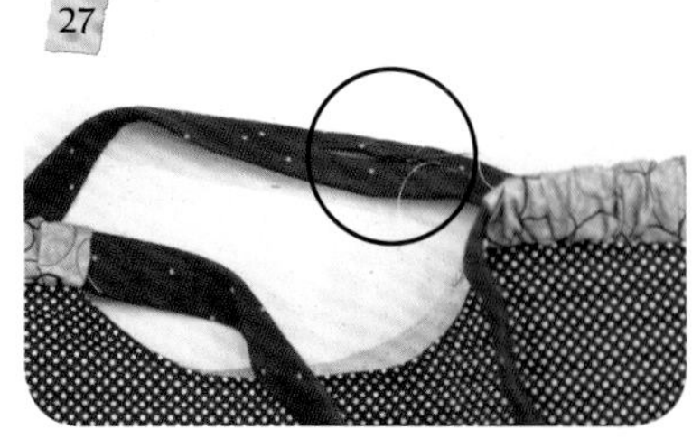

烫平整后，缝合洞口。

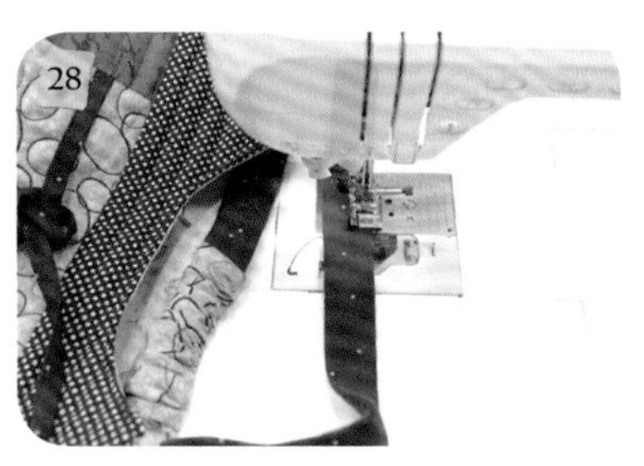

完成的提手左右在距边0.5cm处车缝固定。

完成作品。

参照原寸纸型A面

玫瑰之恋经典斜背包

材料：

三色表布：12cm×12cm 各6片
玫瑰表布：30cm×55cm
粉红出芽布斜布：90cm×3cm 2片
黑色表布
侧边：95cm×15cm 1片
滚边斜布：90cm×4cm 1片
背带：130cm×8cm 1片、
20cm×8cm 1片
拉链口布：5cm×32cm 2片
里布：75cm×110cm 1片
薄衬：130cm×110cm 1片
铺棉：55cm×100cm 1片
拉链：20cm 1条、30cm 1条
皮绳：180cm 1条
PE板：10cm×20cm 1片
D形环及日形环：3cm 1组
织带：3cm×150cm 1条
奇异衬：45cm×30cm 1片

做法：

01 三色表布各裁12cm×12cm六片，玫瑰表布上裁取爱心18片（使用奇异衬的方法参照p.156）。

02 三色表布依序组合完成，再将爱心贴上。

03 烫上薄衬后铺棉，再烫薄衬共四层，最后开始压线。

04 爱心使用缝纫机毛边绣⫤形（幅宽2.5mm针距，长2.5mm），将图案车缝上。

05 完成压线后依纸型剪下。

06 完成出芽（裁布3cm×90cm两片，做法参照p.155）。

07 裁剪15cm×95cm侧边布，烫上薄衬后铺棉，再烫薄衬共四层，最后开始压线。

08 完成压线后依纸型剪下。

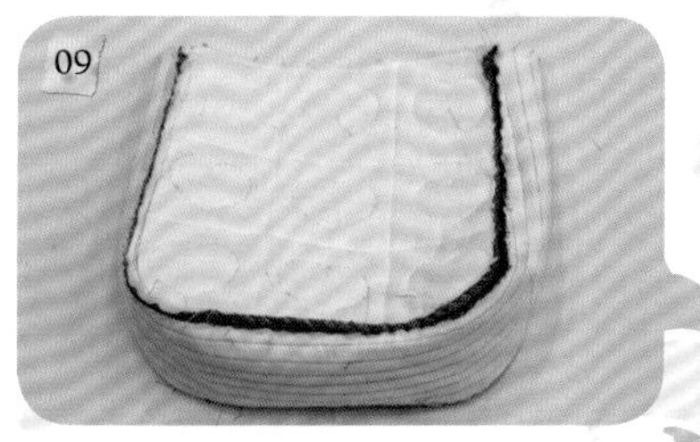

09 侧边与前后袋身组合，接合处拨开缝份后以卷针缝缝合会使包较挺。

翻回正面完成图。

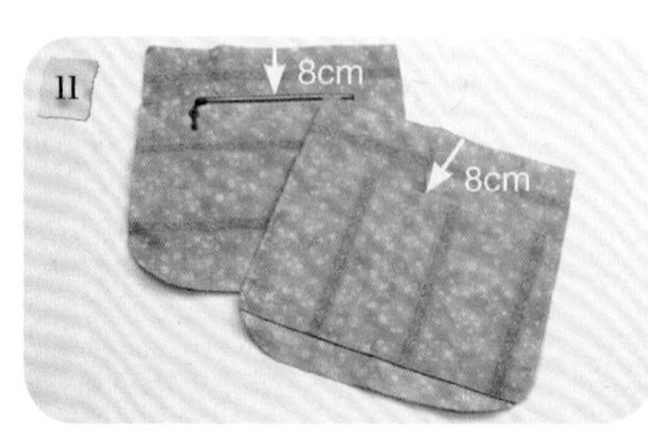

内里布烫上薄衬，依纸型剪下两片，分别在距边8cm处车缝上20cm拉链口袋（裁布25cm×45cm，做法参照p.158），另一片车缝上开放式口袋（裁布35cm×35cm）。

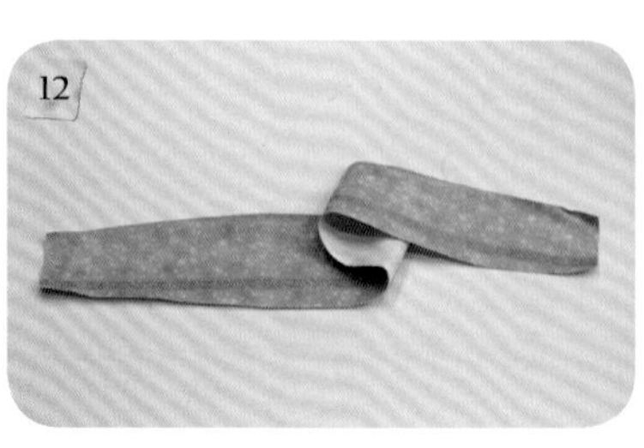

侧边布烫上薄衬后依纸型剪下一片。

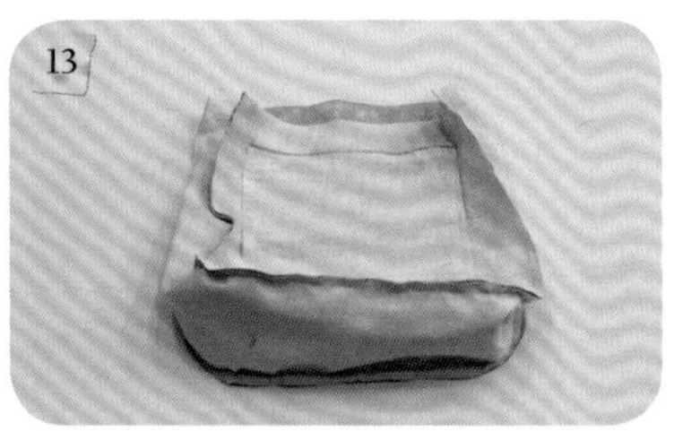

内里袋身与侧边组合，完成内袋。

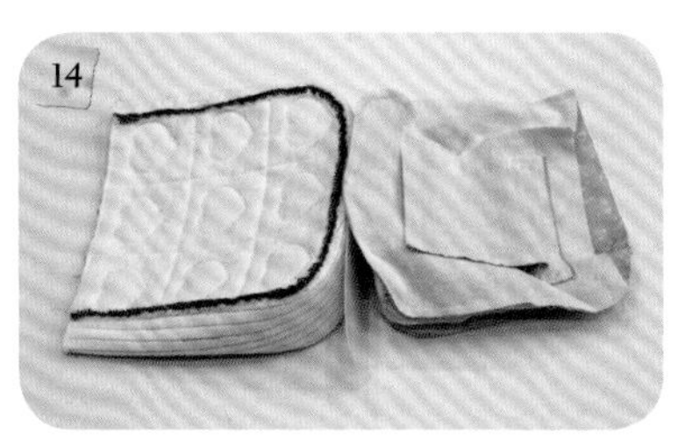

内袋与外袋，底对底缝数针固定，置入PE板。

先车缝上滚边布外侧。

制作30cm拉链口布（裁布5cm×32cm表布里布各两片，做法参照p.154 ）。

将拉链口布车缝固定上，再将滚边布另一侧缝合。

裁剪8cm×130cm及8cm×20cm背带，正面相对车缝固定，拨开缝份烫平，翻回正面穿入织带。

20cm的套上D形环，另一条穿过日形环中间横杆。

另一端再穿过日形环。

完成背带，车缝固定于袋身两侧。

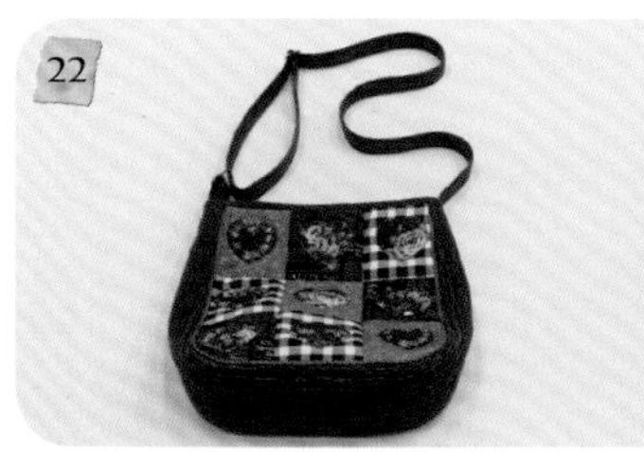

完成作品。

春漾加盖后背包

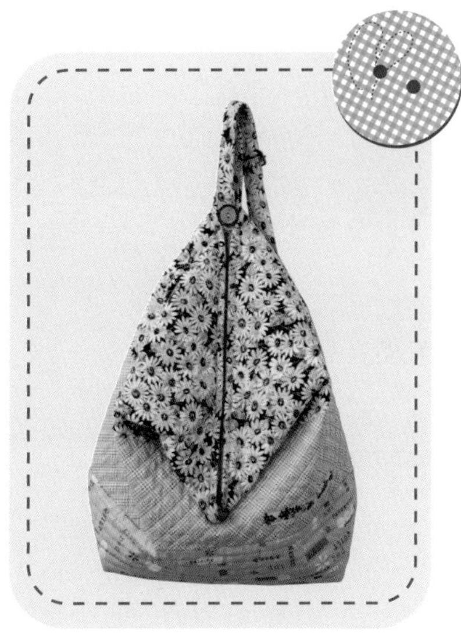

材料： 表布三色依图示尺寸

花表布

提手：27cm×7cm 2片、
110cm×7cm 2片
滚边斜布：4cm×100cm 1片
里布：80cm×110cm 1片
薄衬：180cm×110cm 1片
铺棉：55cm×100cm 1片
拉链：18cm、35cm各1条
磁扣：1组

织带：2.5cm×275cm 1条
D形环及日形环：2.5cm 2组
装饰带：23cm×2cm 1条
装饰木扣：1颗
包扣：24mm 1颗

做法：

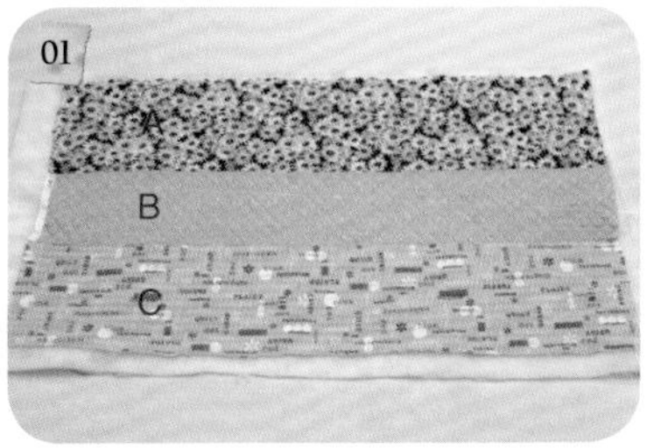

裁剪表布A20cm×95cm、B16cm×95cm、C20cm×95cm，烫上薄衬后铺棉再烫薄衬，共四层，最后开始压线。

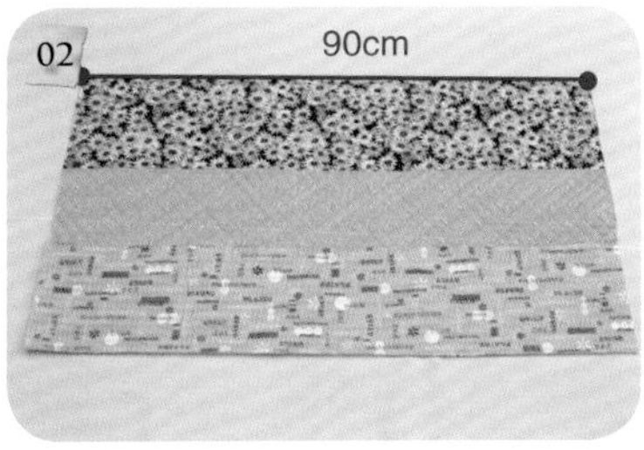

压线完成后裁齐为49cm×90cm。

裁剪两片7cm×27cm提手布，对折后车缝，翻回正面穿入织带。

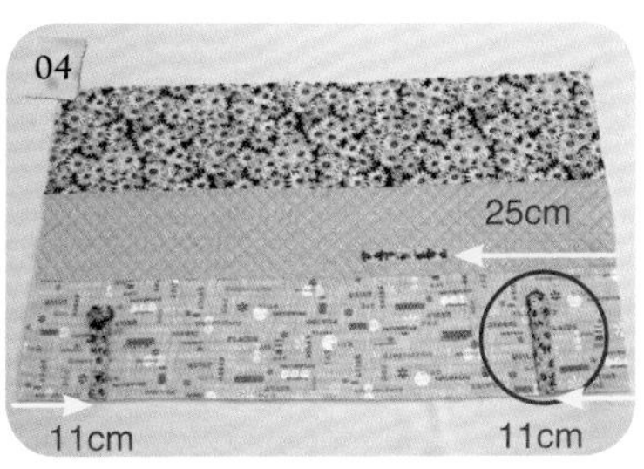

穿过D形环，固定于距边11cm底部，并车缝上装饰片。

D形环提手放大图。

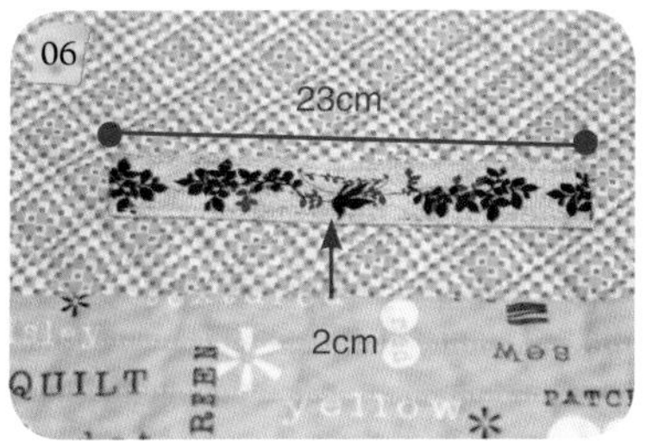

装饰带放大图，距右侧23cm、绿色边2cm处，车缝上23cm长装饰带。

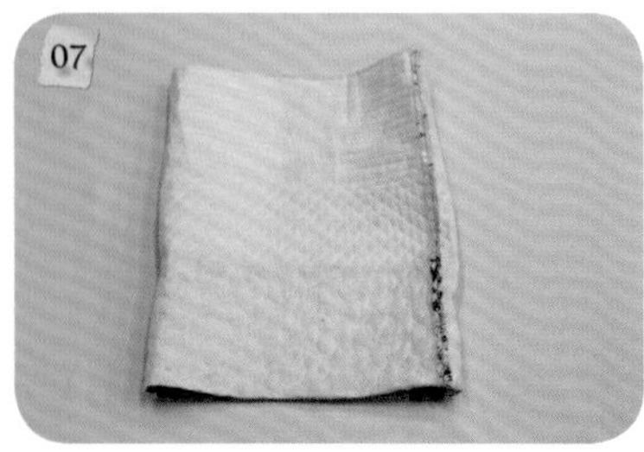

左边折向右边车缝固定，接合处拨开缝份后以卷针缝缝合（会使包较挺）。

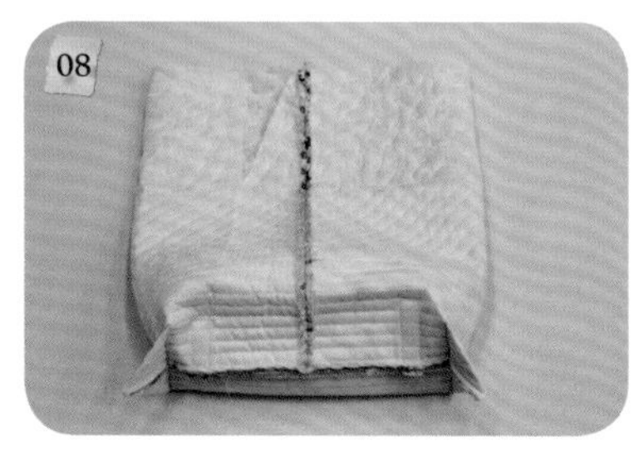

接合处移置中间，左右截角12cm。

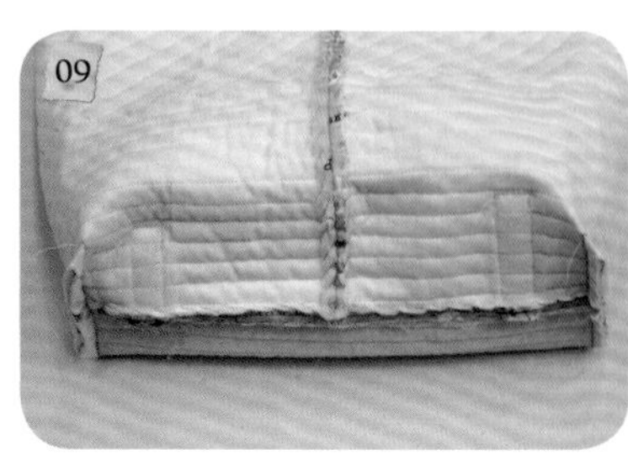

截角后修剪多余的布，完成外袋。

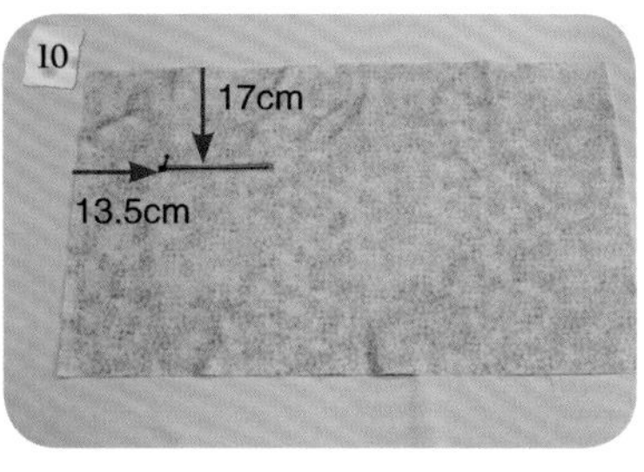

裁剪49cm×90cm内里布，烫薄衬，在距上缘17cm及左侧13.5cm 处，车缝上18cm拉链口袋（23cm×40cm，做法参见p.158）。

左边折向右边车缝固定，截角后修剪掉多余的布，完成内袋。

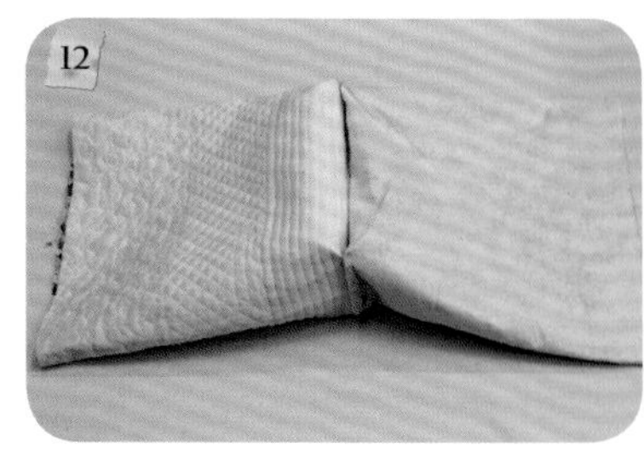

内袋与外袋底对底车缝固定。

翻回正面，距上缘0.5cm处车缝一圈固定。

上缘车缝上滚边布（4cm×100cm）。

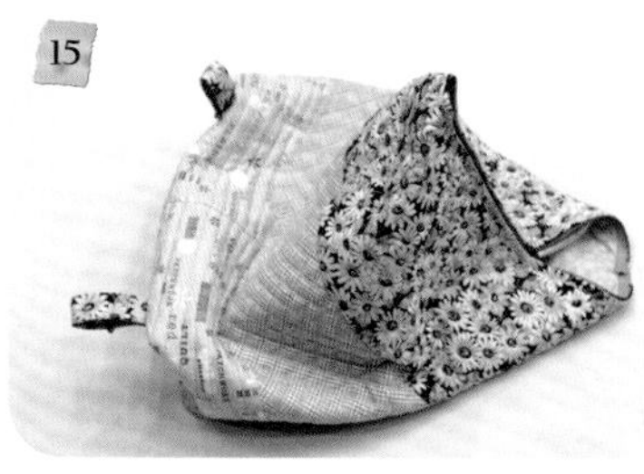

车缝上（或缝上）35cm拉链。

车缝拉链的放大图。

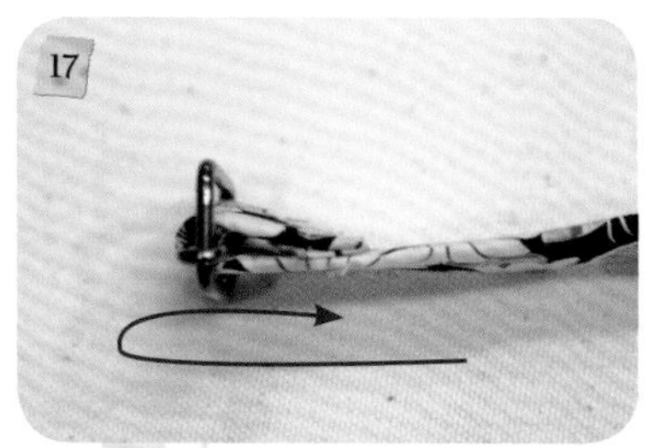

裁剪两片7cm×110cm提手布，对折后车缝，翻回正面，穿入织带，穿过日形环。

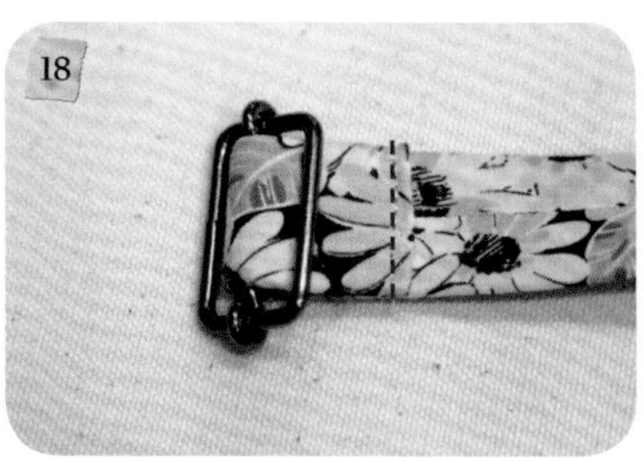

穿过日形环后车缝固定。

绕过D形环，再穿过日形环，用同样方法完成另一条提手。

两条提手尾端固定于袋口拉链末端。

两条提手固定处以木扣装饰。

拉链另一端缝上包扣。

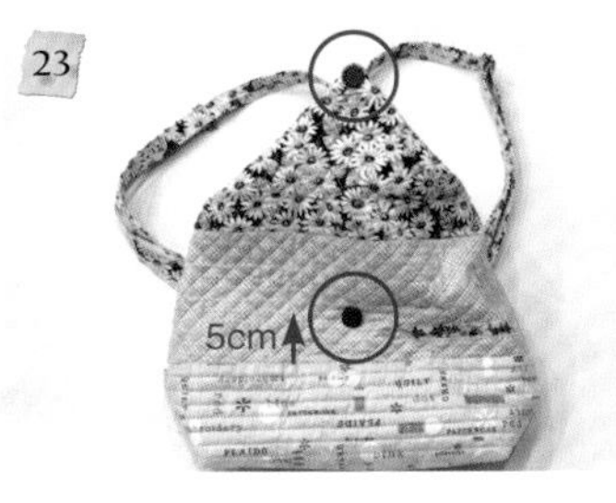

包扣下端及距绿布5cm处缝上磁扣。

完成作品。

参照原寸纸型A面

名牌经典手提包

材料：

花表布：48cm×28cm 2片
格子表布：22cm×22cm 2片
暗红表布
　提手：8cm×46cm 2片
　底布：24cm×16cm 1片
　拉链尾端装饰布：10cm×7cm 2片
　滚边斜布：4cm×60cm 1片、
　　　　　4cm×95cm 1片

里布：55cm×110cm 1片
薄衬：120cm×110cm 1片
厚衬：44cm×22cm 1片
铺棉：30cm×120cm 1片
拉链：35cm 1条、
　　　18cm 1条
磁扣：1组
织带：3cm×45cm 2条
PE板：20cm×12cm 1片

做法：

裁剪花表布48cm×28cm两片，底布24cm×16cm一片，烫上薄衬后铺棉，再烫薄衬共四层，最后开始压线。

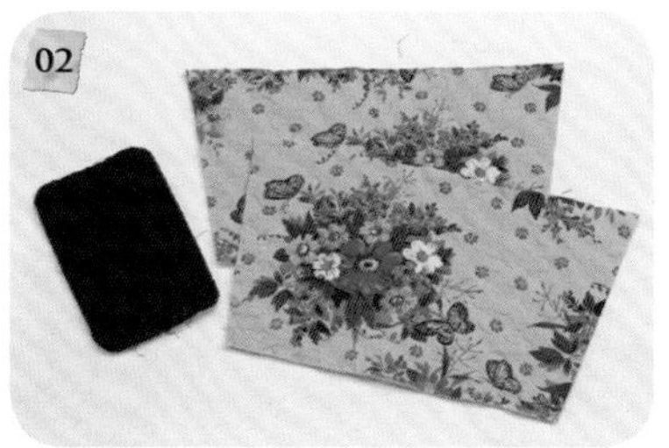

压线完成后依纸型裁齐。

两片表布正面对正面，左右车缝固定，再与底布固定，接合处拨开缝份后以卷针缝缝合（会使包较挺）。

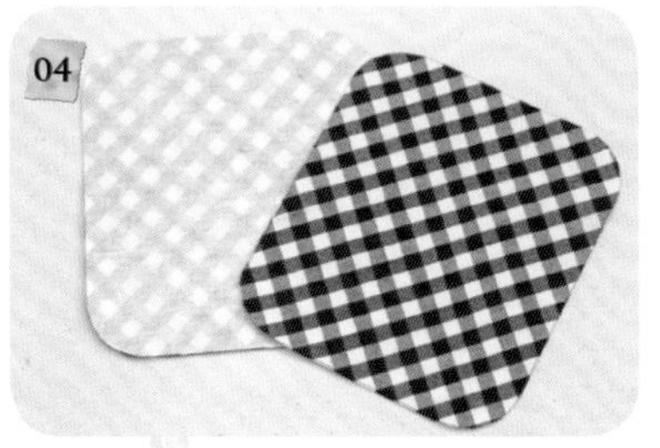

两片袋盖格子表布22cm×22cm，烫上厚衬，依纸型剪下两片。

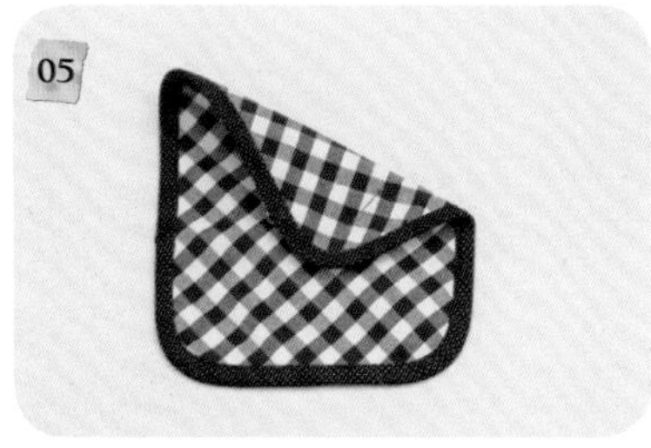

两片袋盖布背面对背面，车缝固定后上滚边布。

袋盖依纸型记号线画上，对齐袋身中线沿滚边布车缝固定，距边2cm处不车缝（方便车缝拉链及滚边布）。

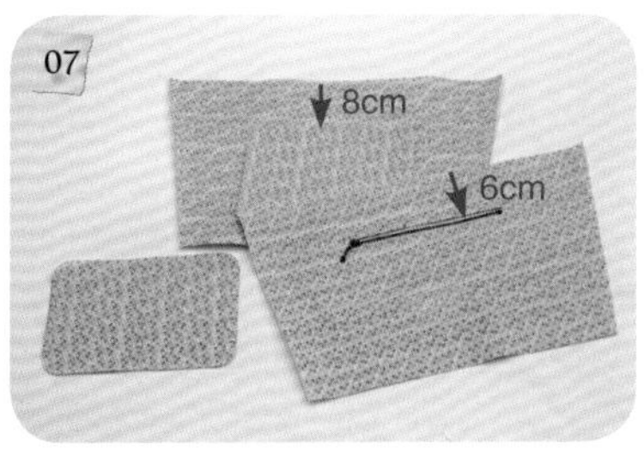

内里布烫上薄衬依纸型裁下袋身及底部，分别在距上端6cm处，车缝上18cm拉链口袋（23cm×30cm，做法参照p.158）及距上端8cm处车缝上开放式口袋（23cm×30cm）。

两片内里布正面相对后左右两边车缝固定，再与底布组合。

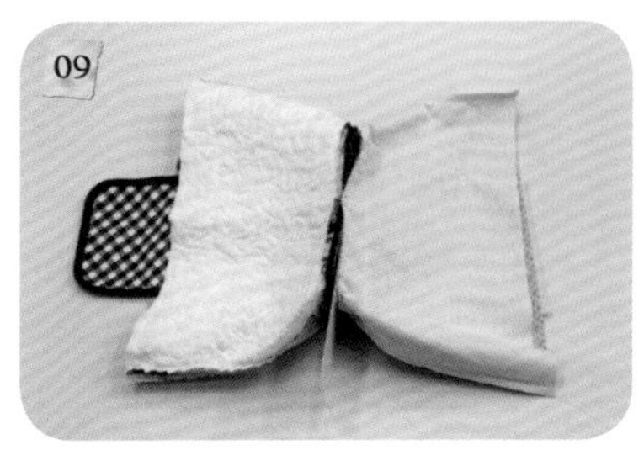

外袋与内袋底对底缝数针固定，置入PE板。

翻回正面，距上缘0.5cm处车缝一圈固定。

上滚边布（4cm×95cm）。

车缝35cm拉链。

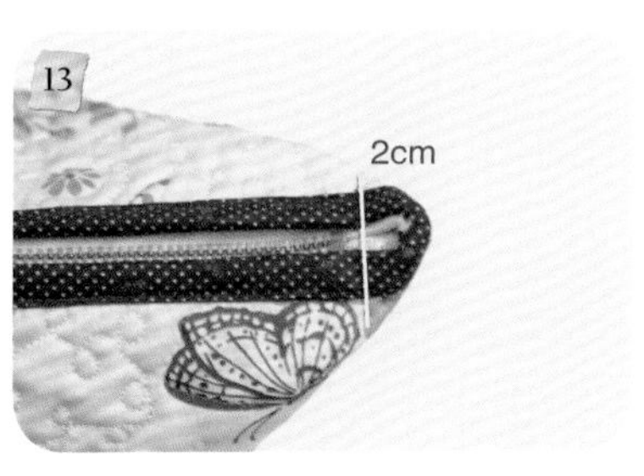

拉链两端，距边2cm处车缝固定。

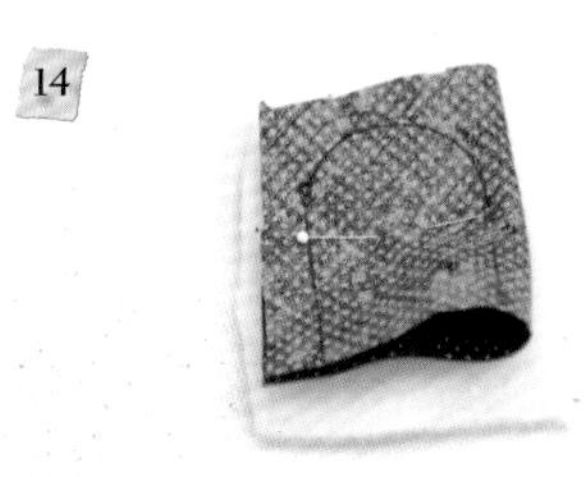

在布背面，依拉链尾端装饰布纸型画上，下端放铺棉后沿线车缝。

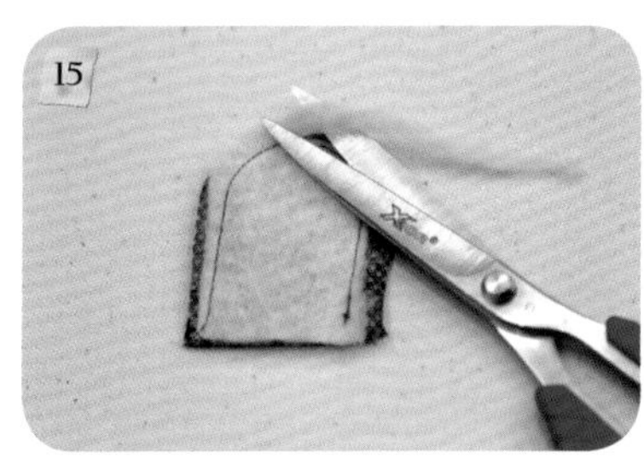

车缝线外留约0.7cm缝份，并将车缝线外的棉剪掉。

棉剪掉后的完成图。

翻回正面，往内折入约1cm。

套入拉链两端固定。

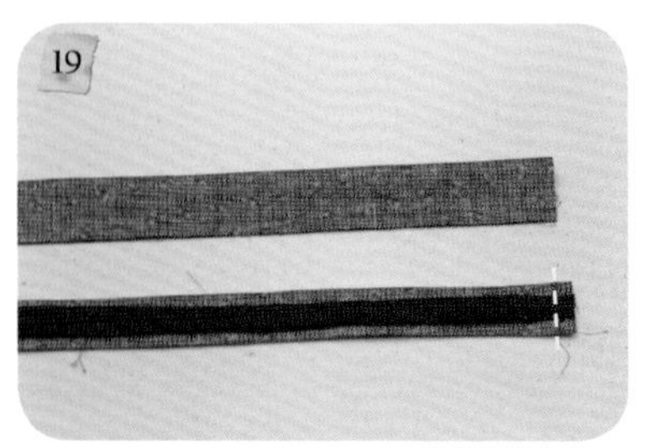

裁剪8cm×46cm两条提手布，对折后车缝固定（中间预留5cm返口），烫开缝份，两端车缝固定。

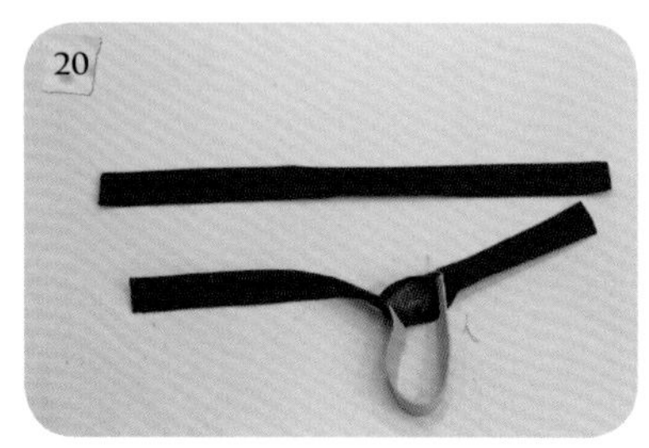

翻回正面，由返口穿入织带。

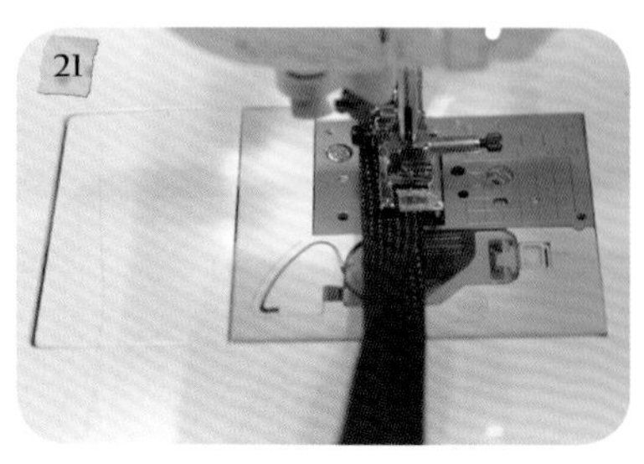

对折，在距边0.2cm处车缝固定（两端6cm不车缝）。

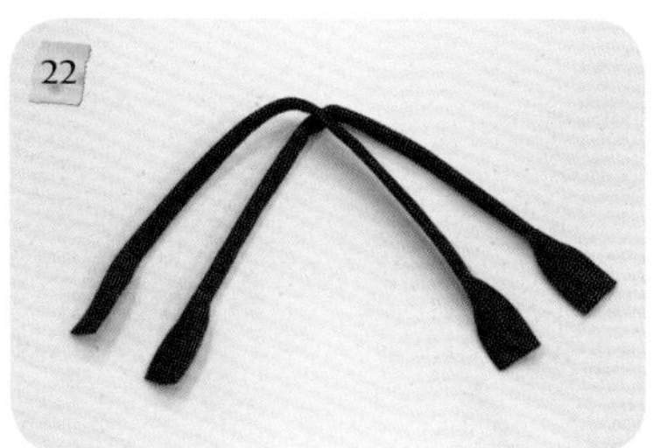

完成两条提手。

固定提手（间距15cm）及缝上磁扣（袋盖距边1.5cm，袋身距边3.5cm）。

完成作品。

参照原寸纸样B、C面

香颂花都手提包

材料： 表布A使用60cm×110cm布截取图案

蓝色配色布

提手：7cm×16cm 2条、
7cm×76cm 1条、
8cm×55cm 2条

拉链口布：35cm×4.5cm 2片

贴边见返布：46.5cm×4cm 2片

里布：90cm×110cm 1片

厚衬：90cm×110cm 1片

薄衬：45cm×110cm 1片

拉链：18cm 1条、20cm 1条、
45cm 1条

织带：3cm×110cm 1条

铜环：2个

PE板：37cm×12cm 1片

做法：

取图55cm×35.5cm两片（已含缝份），底对底接合成为一片，烫上厚衬。

依纸样剪下。

在距边7cm处，开18cm拉链口袋（裁布23cm×40cm，做法参照p.158）。

袋盖依纸样剪下，一片烫厚衬，一片烫薄衬。

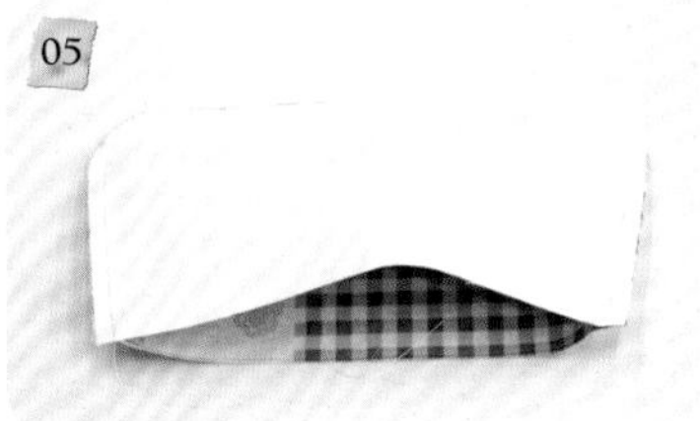

两片正面相对，车缝固定，转弯处剪牙口。

翻回正面，沿边车缝一圈固定。

拉链口袋处将袋盖盖上，上缘车缝压一道线固定。

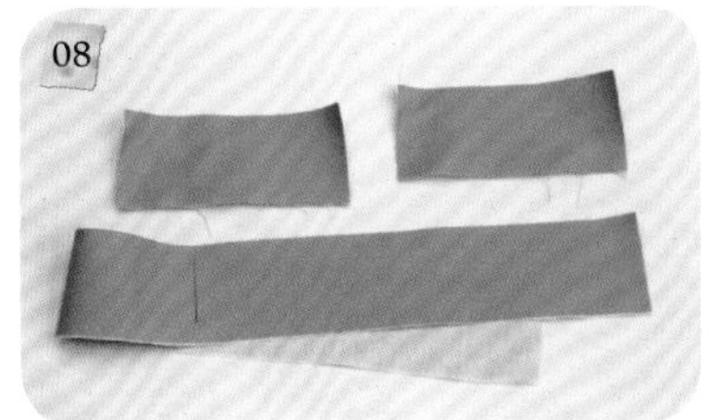

裁提手布7cm×76cm一条及7cm×16cm两条，烫上薄衬。

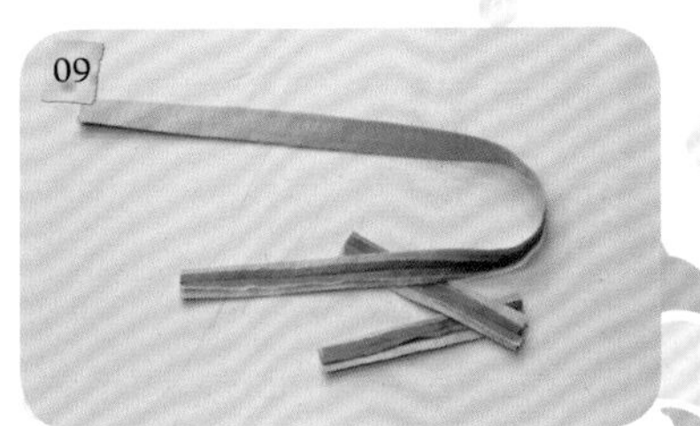

对折车成管状，烫开缝份。

再翻回正面整烫。

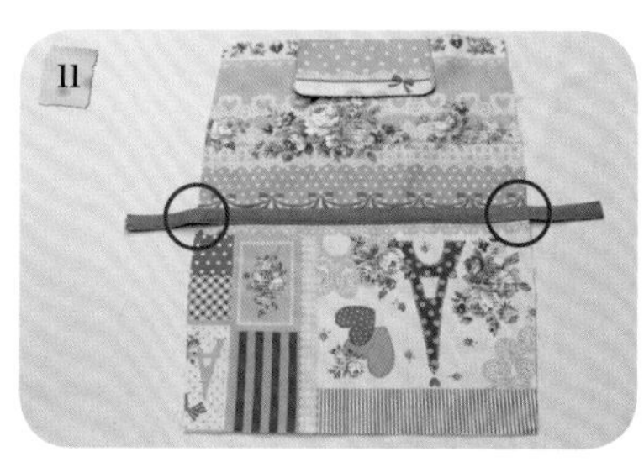

将76cm长布条车缝固定于袋底正中央（遮住两片袋身接合线），左右各预留4cm不车缝。

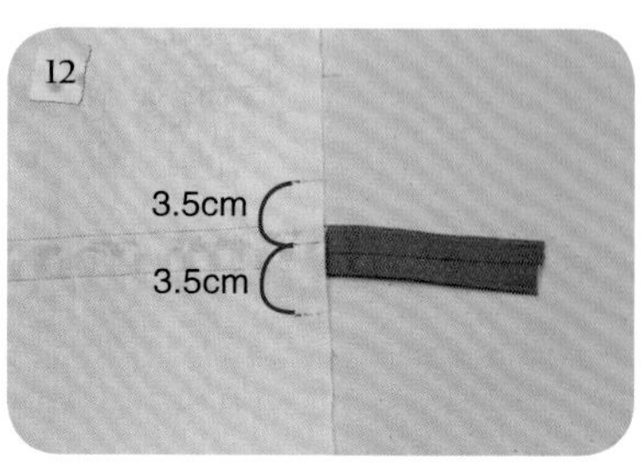

在袋底中心线左右各3.5cm（合计7cm）处做出接合止点记号。

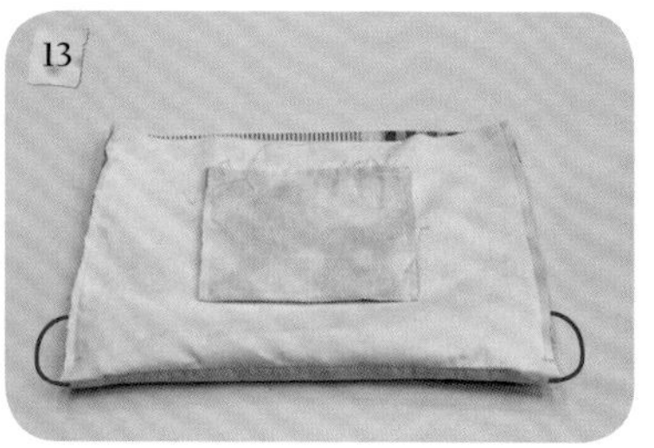

袋身正面相对，左右车缝至接合止点记号。

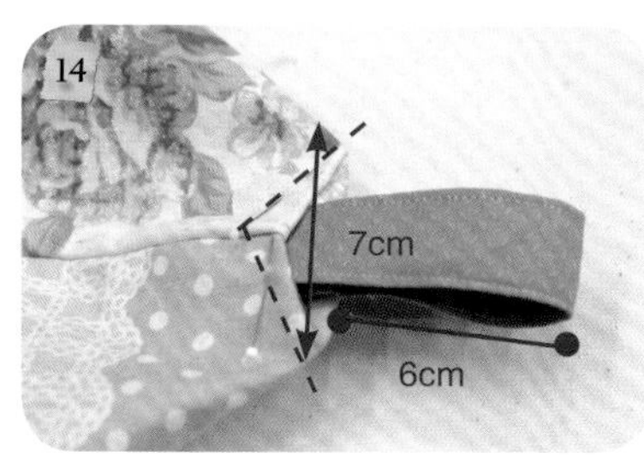

将袋底的布条塞入小洞中，预留约6cm长露在外，截角宽7cm，沿边车缝固定。

翻回正面图。

16cm长两条，对折分别车缝在袋口，两侧袋身接合处（两小片为6cm×10cm，作为斜背钩带，不斜背则不需要）。

固定后完成图。

裁8cm×55cm提手布两条，对折车缝，烫开缝份。

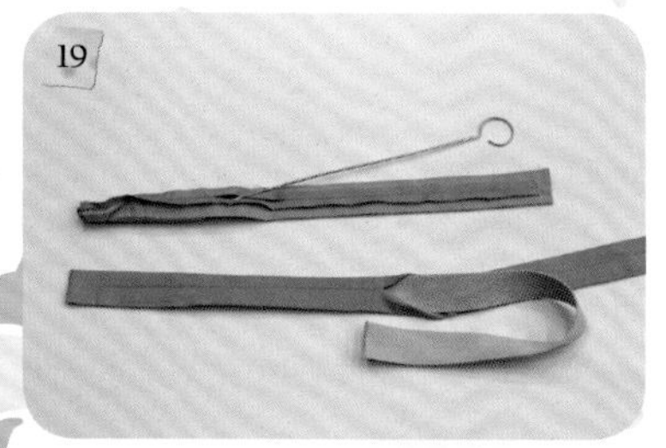

翻回正面，穿入3cm织带。

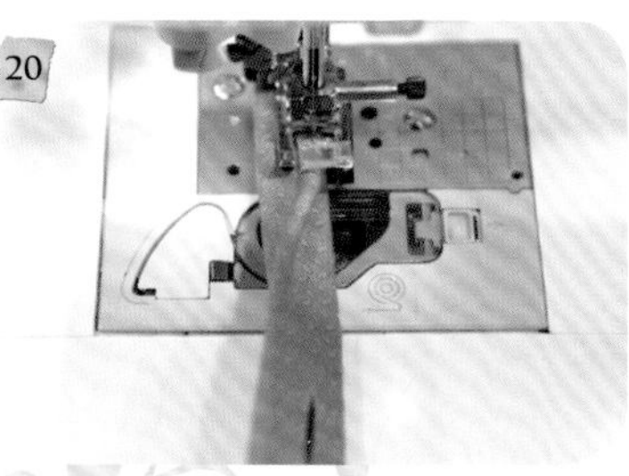

在提手对折靠边车缝压一道固定线，两端各预留7cm不车缝。

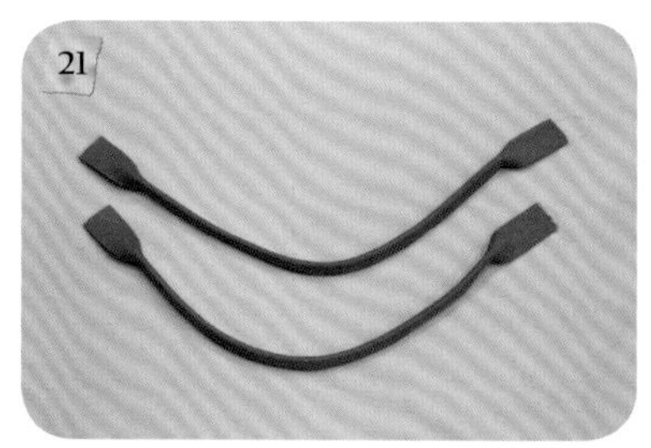

完成两条提手。

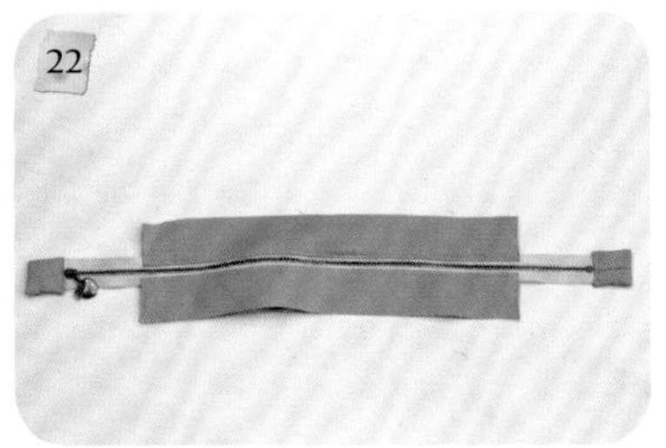

制作45cm拉链口布（裁布4.5cm×35cm两片，做法参照p.154）。

裁两片4cm×46.5cm贴边（见返布），烫上薄衬，组合成一圈。

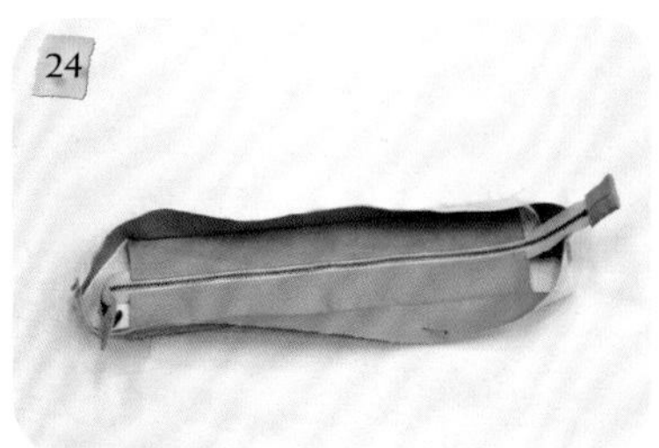

再与拉链口布组合。

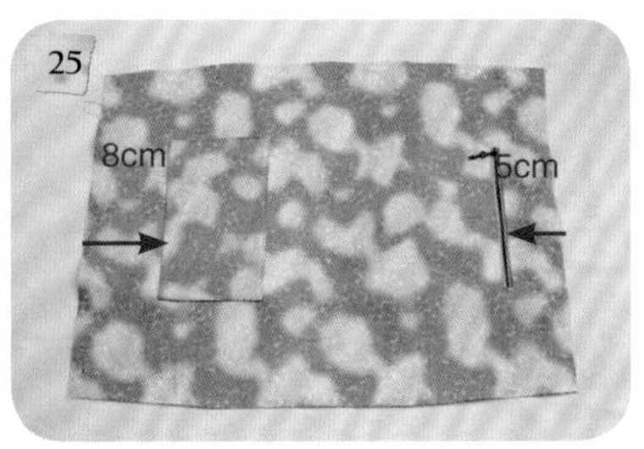

内里布依纸型剪下，烫上厚衬，一侧距边5cm处车缝上拉链口袋（布裁25cm×40cm，做法参照p.158），另一侧距边8cm处侧车缝上开放式口袋（布裁25cm×30cm）。

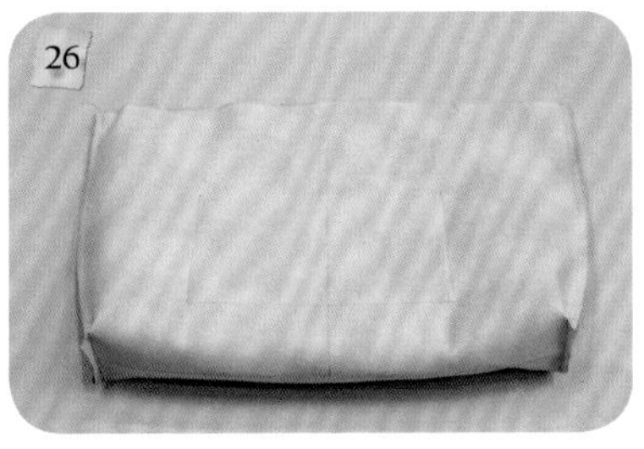

对折后左右车缝，需预留一返口，截角7cm后完成内袋。

与贴边组合的拉链口布与内袋组合。

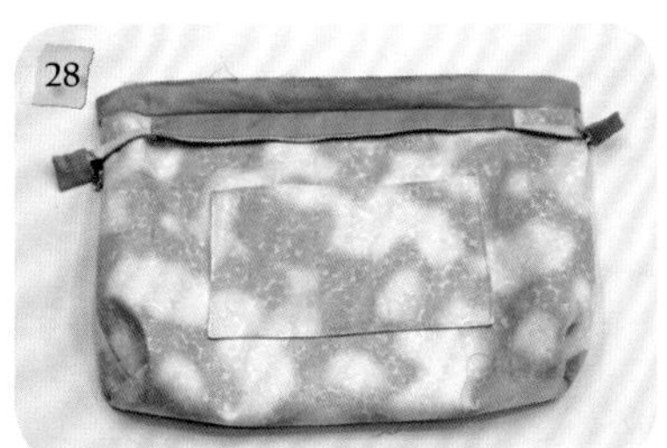

内袋翻回正面图。

提手先固定于外袋口（间距15cm），再将内袋套入外袋，袋口车缝一圈固定。

由内里返口翻回正面，并置入PE板。

翻回正面，袋口沿边车缝压一道固定线。

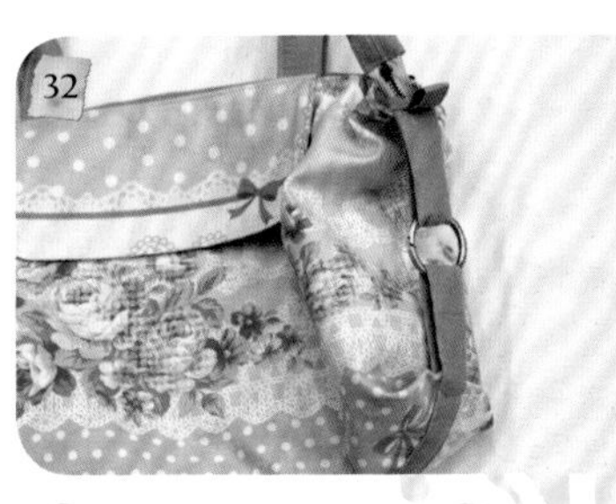

两侧装饰带扣上铜环。

完成作品。

参照原寸纸型B面

青春飞扬手提包

材料：

图案表布

袋身：30cm×22cm 2片

侧边：12cm×10cm 2片

蓝色布

滚边斜布：4cm×30cm 2片、
3cm×30cm 2片

提耳：7cm×8cm 2片

里布：45cm×110cm 1片

薄布衬：60cm×110cm 1片

铺棉：35cm×45cm 1片

拉链：12cm 1条、25cm 1条

皮绳：60cm 1条

提手：1组

做法：

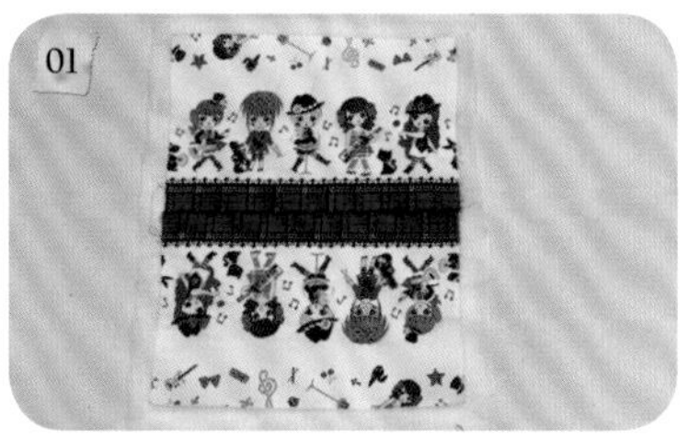

裁袋身表布22cm×30cm两片，底对底车缝组合成为一片，烫上薄衬后铺棉，再烫薄衬共四层，最后开始压线。

依纸型剪下。

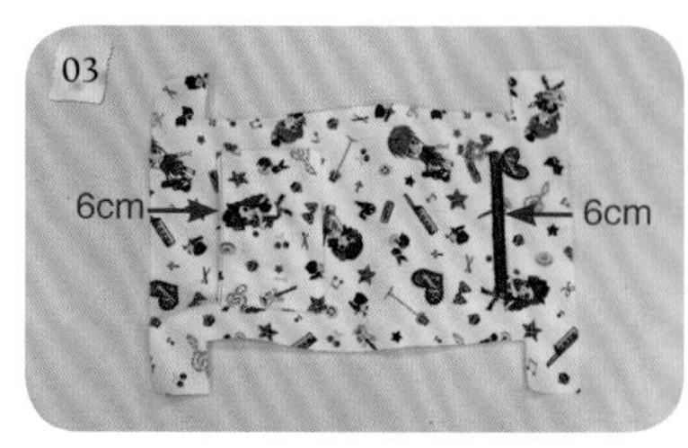

里布烫上薄衬再依纸型裁下，分别在距两端6cm处车缝上开放式口袋（布裁16cm×20cm）及12cm拉链口袋（布裁17cm×22cm，做法参照p.158）。

将表布与里布背面对背面组合（四周车缝0.5cm固定），前后两端车缝上滚边布（4cm×30cm）。

左右两侧车缝上装饰皮绳，做法参照p.155。

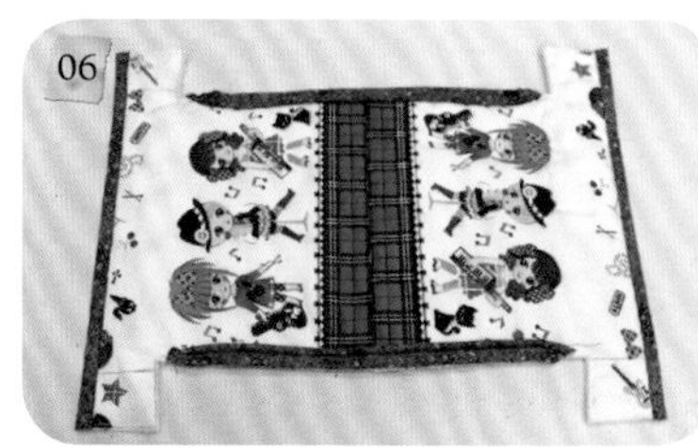

装饰皮绳完成。

两侧提耳（7cm×8cm）正面相对，车缝后翻回正面，两侧在距边0.5cm处车缝固定后再对折。

车缝上25cm拉链，再将左右提耳固定上。

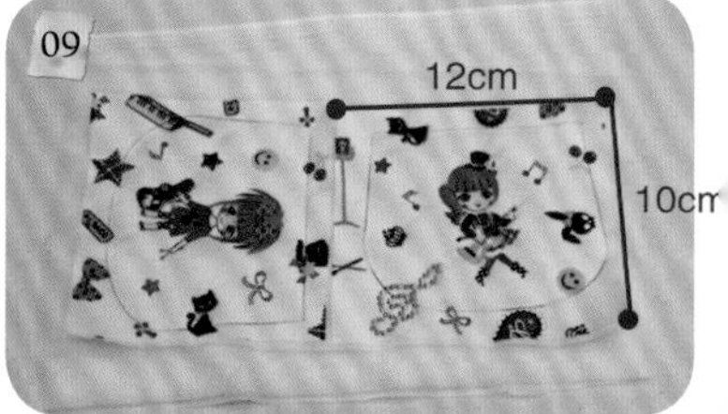

侧边表布12cm×10cm烫上薄衬后铺棉，再烫薄衬共四层，最后开始压线。

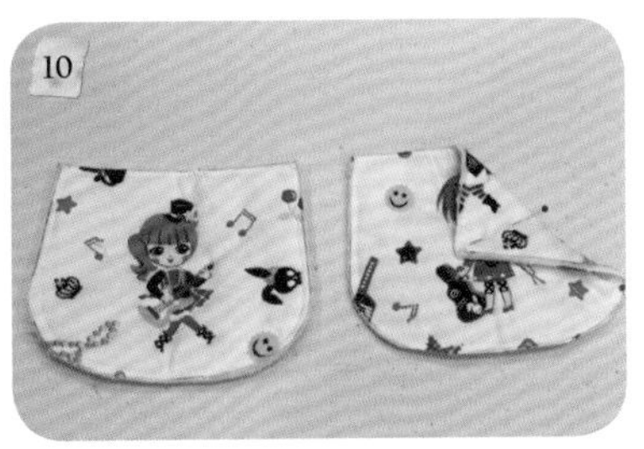

依纸型裁剪两片，里布烫薄衬再依纸型裁剪两片，表布与内里背对背，在距边0.5cm处车缝一圈固定。

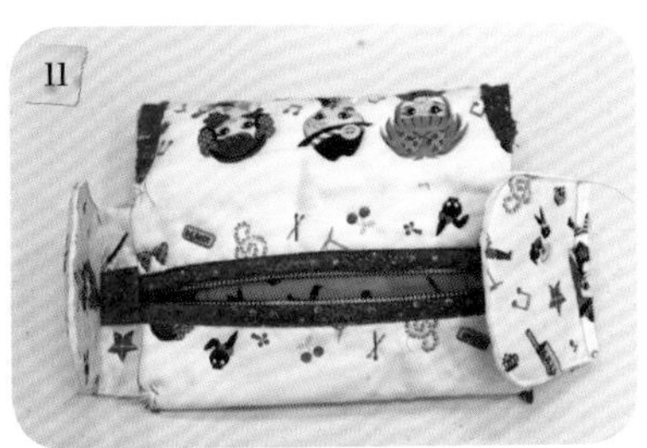

将侧身与袋身接合。

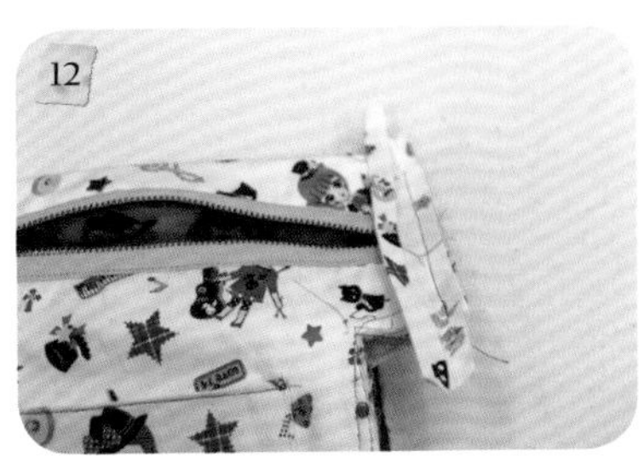

接合处车缝滚边布的一侧。

另一侧滚边布将接合缝份往下压平，以藏针缝将滚边布缝合。

滚边布另一侧以藏针缝缝合完成图。

侧边与袋身组合。

组合完成图。

用4cm斜布滚边条将缝份包边。

翻回正面。

钩上提手，完成作品。

参照原寸纸型 D 面

蝶舞翩翩手提包

材料：

表布：40cm × 45cm 2片
蝴蝶：4只
黑色出芽布：3cm × 120cm（斜布）1片
装饰布条：8cm × 75cm 1片
蝴蝶结：18cm × 50cm 1片
里布：70cm × 110cm 1片
薄衬：130cm × 110cm 1片
铺棉：45cm × 100cm 1片
拉链：20cm 1条
提把：1组
奇异衬：15cm × 30cm 1片
皮绳：120cm 1条
装饰贝壳扣：1颗

做法：

裁剪表布40cm × 45cm两片，烫上薄衬后铺棉，再烫薄衬共四层，最后开始压线。

依纸型裁齐，贴上蝴蝶（使用奇异衬方法参照p.156）。

使用自由曲线沿蝴蝶边车缝固定。

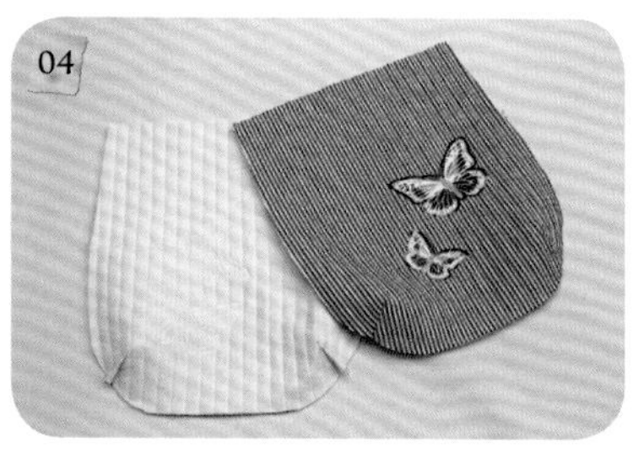

底部两边依纸型记号线打角。

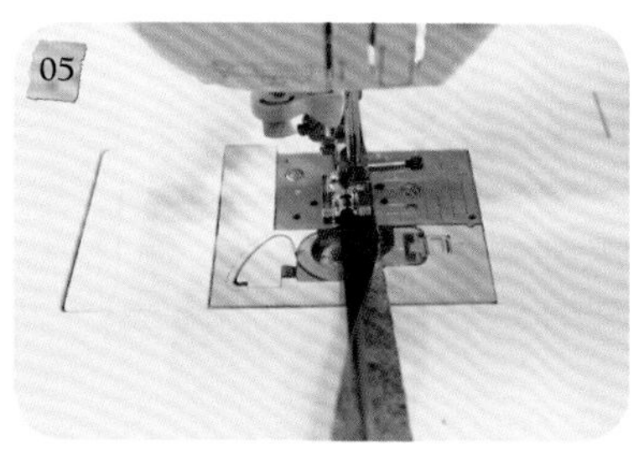

制作出芽（裁剪3cm × 120cm一片斜布）。

取一片表布完成出芽（做法参照p.155）。

两片表布正面相对车缝组合，车缝处拨开缝份后以卷针缝缝合会使包较挺，完成外袋。

裁装饰布条8cm × 75cm一片，对折车缝，烫开缝份，翻回正面烫平。

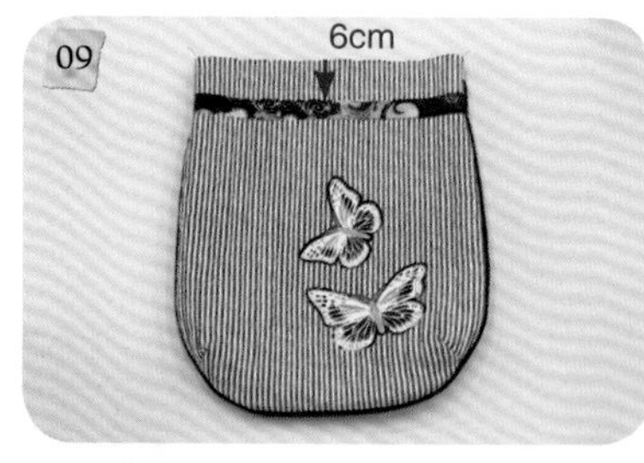

外袋翻回正面，在距边6cm处将装饰布条车缝固定。

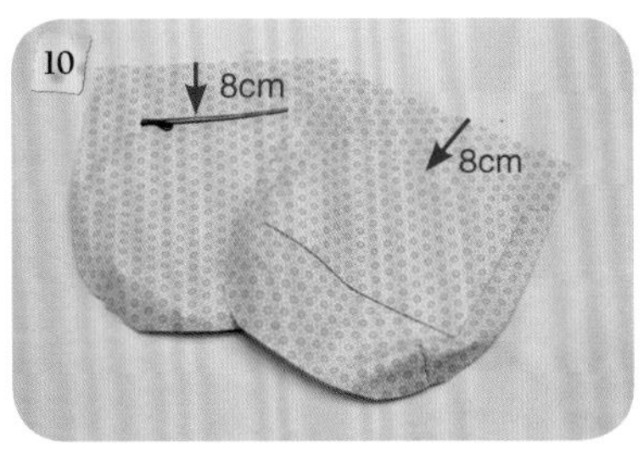

内里烫薄衬依纸样裁齐两片，分别在距边8cm处车缝上20cm拉链口袋（25cm×40cm，做法参照p.158）及另一片车缝上开放式口袋（25cm×40cm），底部两侧依纸型记号线打角。

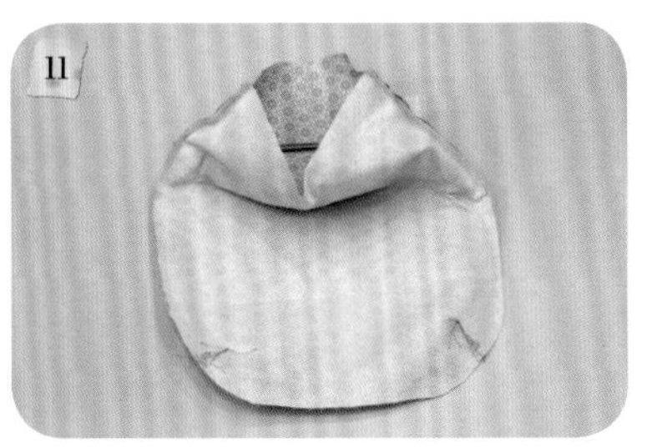

同表布方法一样正面相对，车缝组合，需预留一返口。

内袋与外袋正面对正面套入，上缘车缝一圈固定，缝份外的铺棉修剪掉。

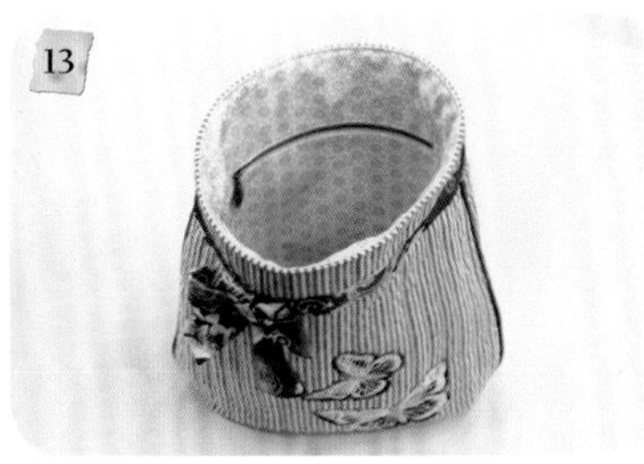

翻回正面，上缘车缝一圈固定，完成组合。

裁蝴蝶结布18cm×50cm一片，对折车缝，中间留一返口，拨开缝份烫平，两端车合。

由返口翻回正面后对折。

交叉成蝴蝶结后缝合固定。

蝴蝶结固定于装饰布条上，缝上装饰扣。

缝上提手（间距11cm）作品完成。

参照原寸纸型B面

祈愿物语手提包

材料：

表布

图案表布（前后片）：
30cm×38cm 2片

黑线条侧边

15cm×85cm 1片

滚边斜布：4cm×65cm 2片

拉链口布：5cm×30cm 2片

黄色布

出芽斜布3cm×100cm 2片

里布：100cm×110cm 1片

袋身（中间层）：30c×38cm 2片

薄衬：200cm×110cm 1片

铺棉：50cm×140cm 1片

拉链：18cm 1条、30cm 1条

磁扣：2组

皮绳：180cm 1条

提手：1组

做法：

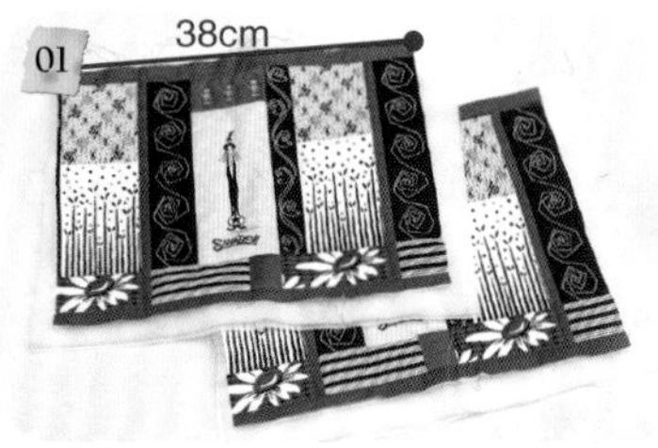

裁剪图案表布（前后片）30cm×38cm两片，烫上薄衬后铺棉，再烫薄衬共四层，最后开始压线。

依纸型尺寸裁齐。

完成前后片表布的出芽（3cm×100cm两片，做法参照p.155）。

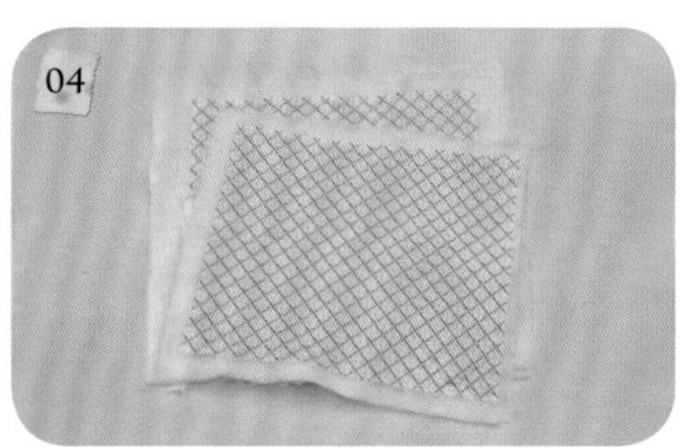

裁剪（中间层）30cm×38cm里布，烫上薄衬后铺棉，再烫薄衬共四层，最后开始压线。

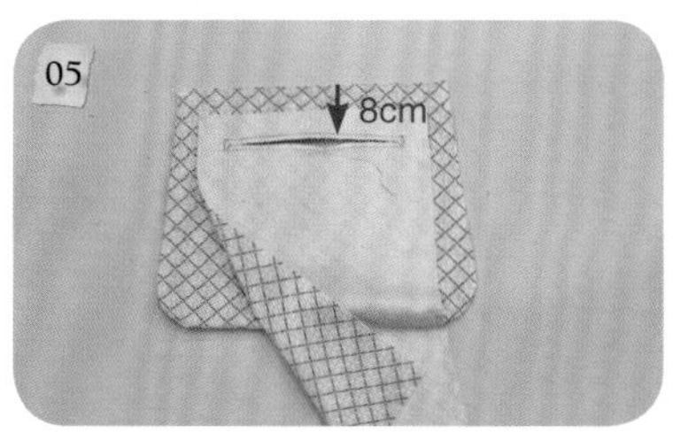

中间层依袋身纸型裁齐两片，一片距边8cm处开18cm拉链口袋（布裁23cm×40cm）。

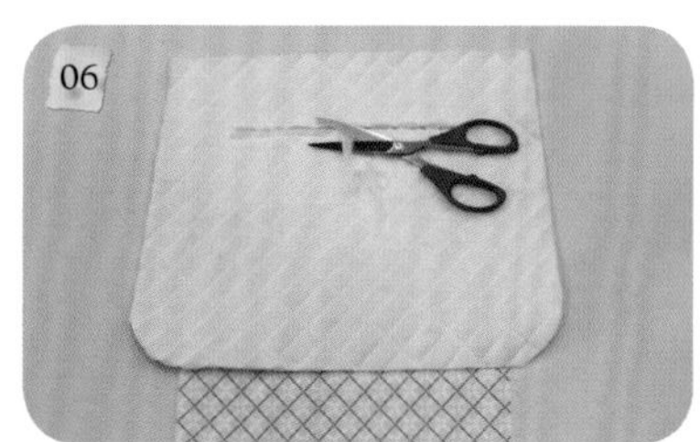

方形四周车缝完成后，依中线及Y形剪开（做法参照p.158），翻至背面，将缝份外棉修剪掉。

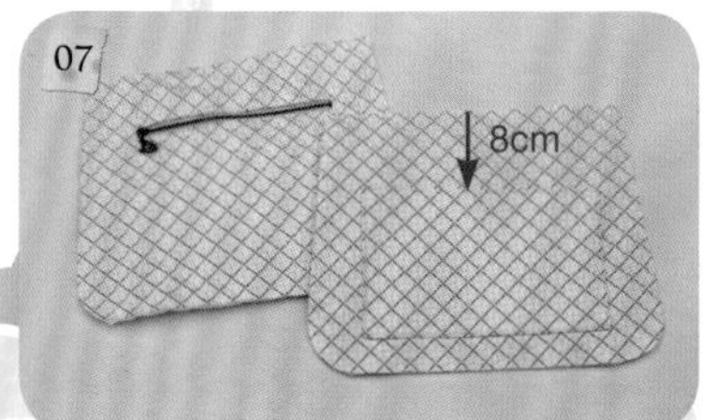

另一片在距边8cm处车缝上开放式口袋（裁布25cm×35cm）。

裁一片15cm×85cm侧边表布，烫上薄衬后铺棉，再烫薄衬共四层，压线完成，最后依纸型裁齐。

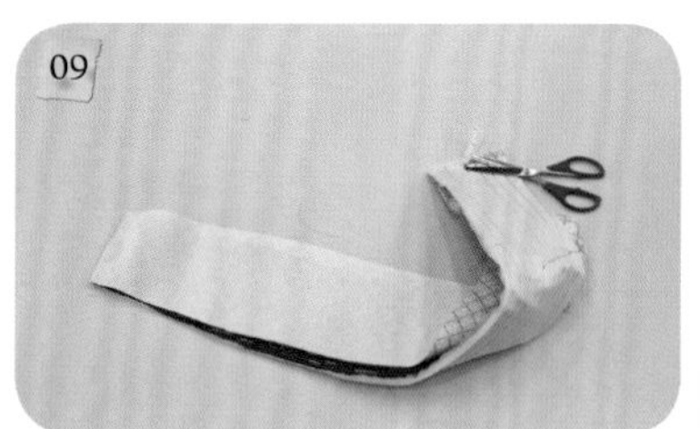

侧边内里烫薄衬依纸型裁齐，与表布正面相对，两端车缝固定，缝份外的铺棉剪掉。

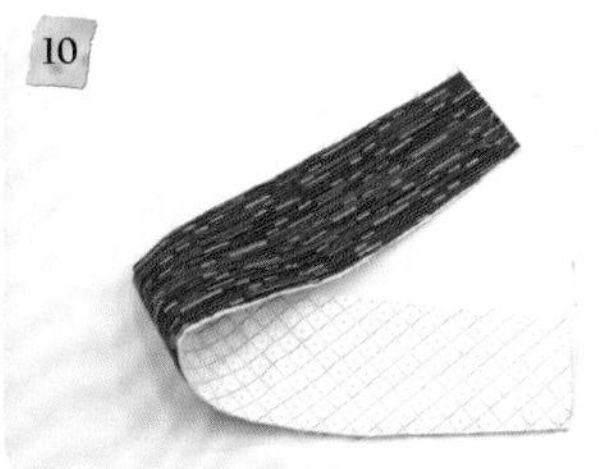

翻回正面，四周距边0.5cm处车缝固定，完成侧边。

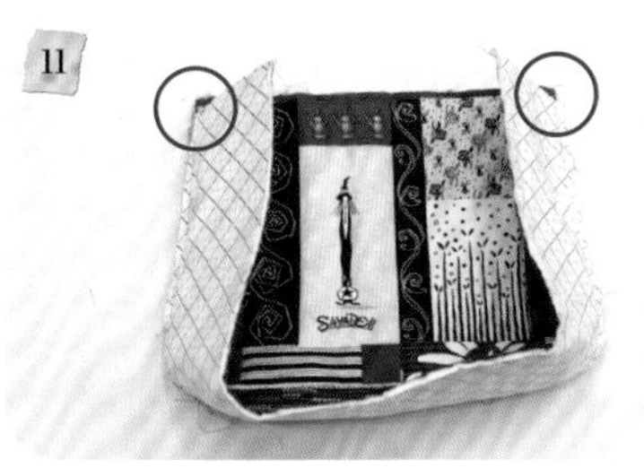

表布与侧边两端从前后片止缝点开始组合。

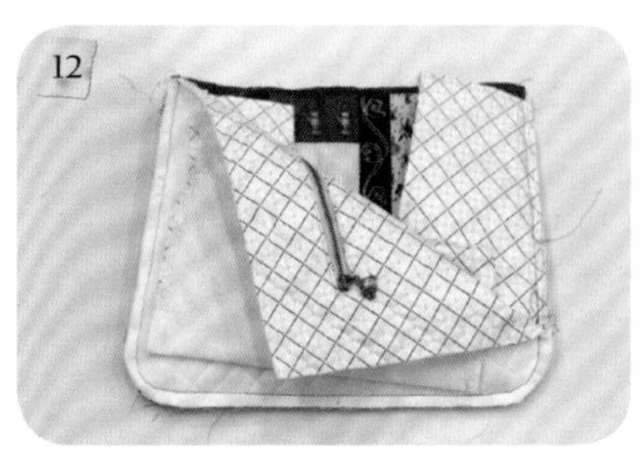

将铺棉中层袋盖上组合。

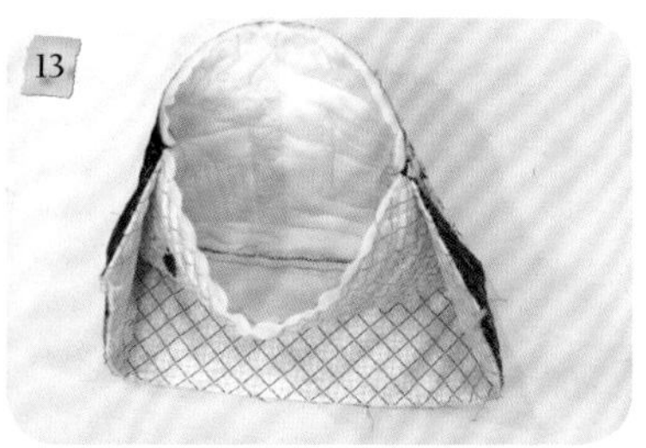

翻回正面。

再将另一片前后片表布与侧边固定。

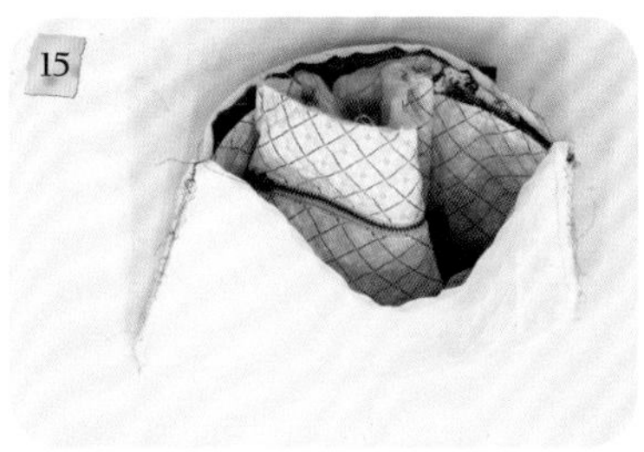

再将中间层（铺棉车缝有口袋的）盖上接合。

翻回正面完成外袋组合。

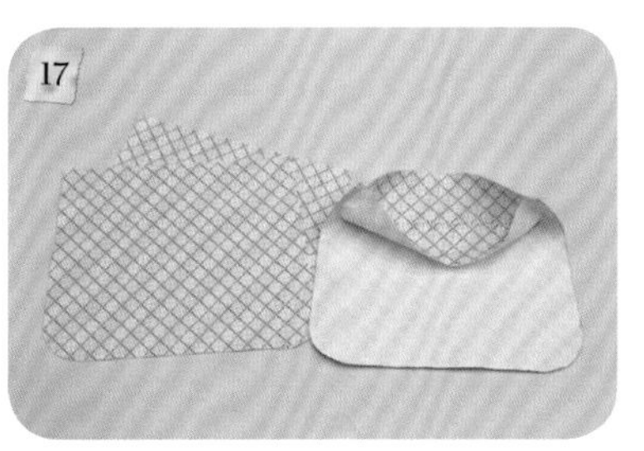

内里烫薄衬，依纸样裁剪四片，两片正面相对接合。

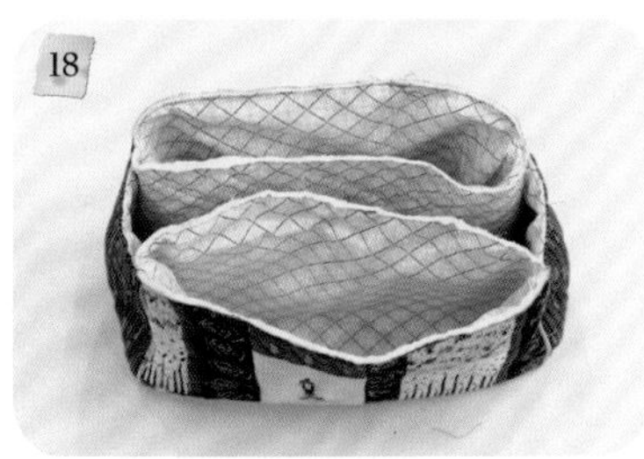

分别套上外袋的前后袋，上缘距边0.5cm处车缝固定。

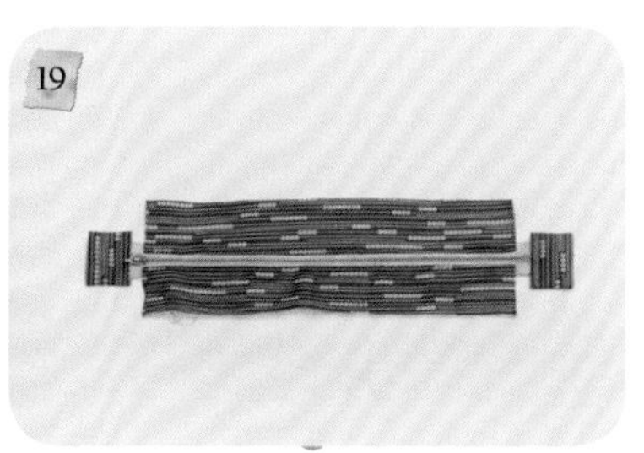

完成30cm拉链口布（裁剪5cm×30cm表布与内里，做法参照p.154）。

将完成的拉链口布固定于中间层，两层袋口车缝上滚边布外侧。

缝上另一侧滚边布，最后缝上提手（间距15cm）完成作品。

参照原寸纸型A面

自由曲线压花肩背包

材料： 袋身表布依图示尺寸

咖啡色表布

侧边：35cm×25cm 1片
拉链口布：34cm×5cm 2片
滚边斜布：4cm×90cm 1片
浅绿出芽斜布：3cm×75cm 2片

里布：60cm×110cm 1片
薄衬：150cm×110cm 1片
铺棉：40cm×100cm 1片
拉链：18cm 1条、45cm 1条
皮绳：145cm 1条
皮带：1组
包扣：4颗
奇异衬：40cm×30cm 1片
压扣：2组

做法：

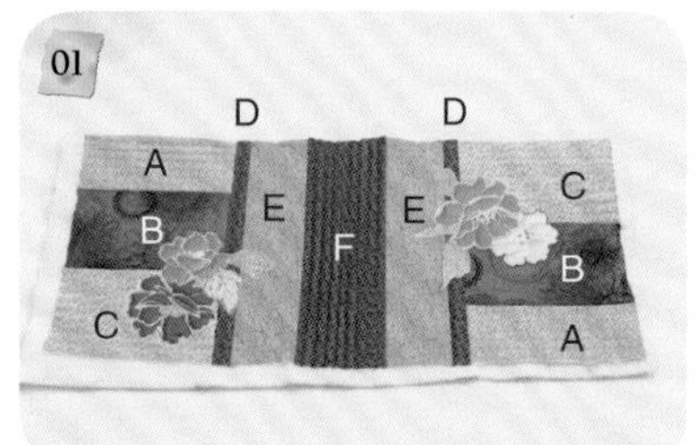

A15cm×22cm两片、B15cm×22cm两片、C10cm×22cm两片、D3.5cm×37cm两片、E10cm×37cm两片、F（底）13cm×37cm，组合成为一片，将花朵贴上（使用奇异衬，做法参见p.156），再烫上薄衬后铺棉，再烫薄衬共四层，最后开始压线。

压线完成后，裁齐为34cm×71cm。

左右两侧出芽装饰（裁剪3cm×75cm斜布两片，做法参照p.155）。

袋身左右两侧出芽装饰完成图。

裁一片25cm×35cm侧边布，烫上薄衬后铺棉再烫薄衬共四层，开始压线，完成后依纸型剪下两片。

袋身与侧边组合，接合处拨开缝份后以卷针缝缝合（会使包较挺）。

07

翻回正面完成外袋。

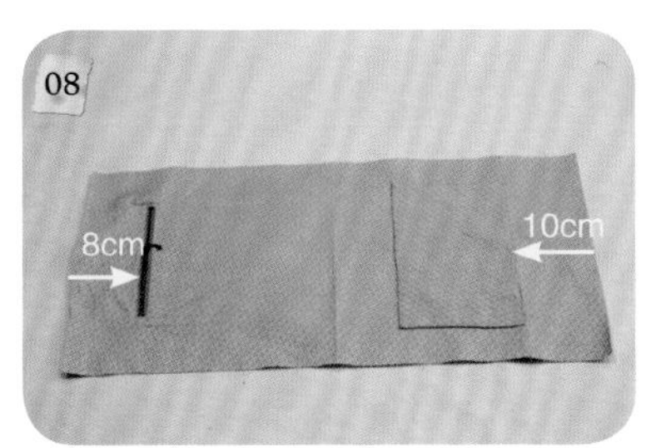

裁剪34cm×71cm内里，烫薄衬，在距边8cm处车缝上18cm拉链口袋（布裁23cm×40cm，做法参照p.158），另一侧距边10cm处车缝上开放式口袋（布裁26cm×34cm）。

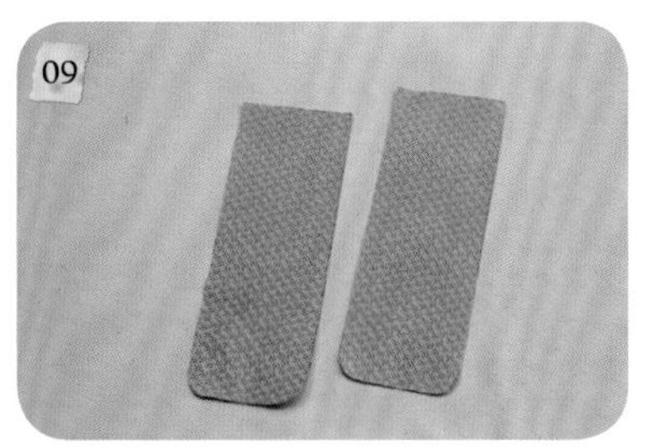

09

裁一片25cm×35cm内里侧边布，烫上薄衬后依纸型剪下两片。

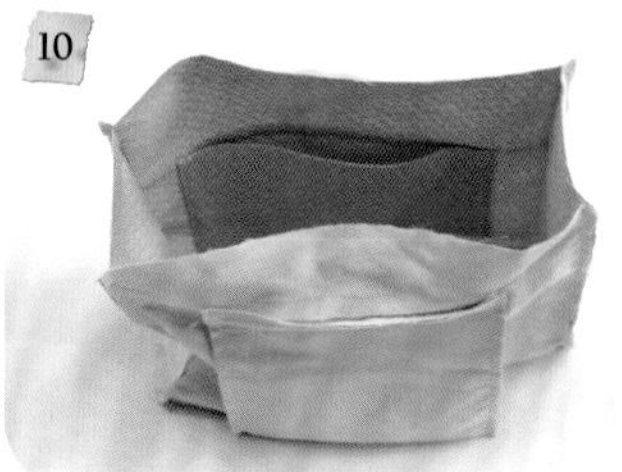

10

袋身与侧边组合。

11

完成的内袋套入外袋，上缘车缝0.5cm固定。

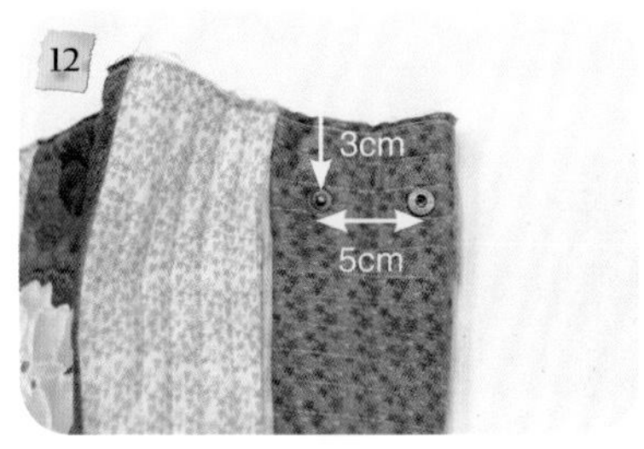

左右分别在距上端3cm，间距5cm处钉上压扣。

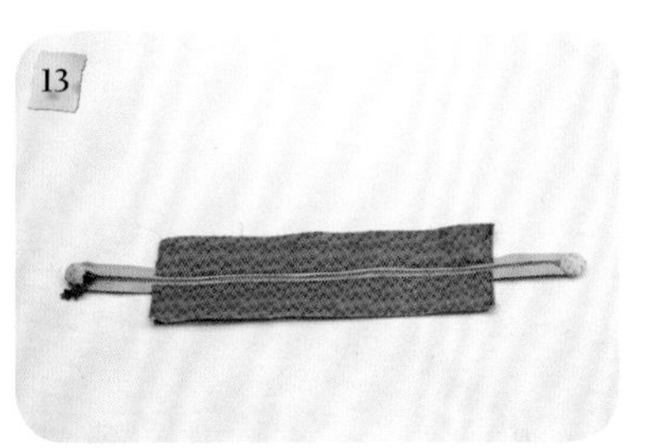

13

制作45cm拉链口布（布裁5cm×34cm，做法参照p.154），表里布各两片，两端包扣做装饰。

14

袋口先上外侧滚边布（4cm×90cm斜布），再车缝上拉链口布，再将另一侧滚边布缝上。

15

缝上提手（间距13cm），完成作品。

仕女蝴蝶肩背包

材料：

表布

图案布：17cm×52cm 2片
蓝色布袋身：15cm×52cm 2片
底布：25cm×52cm 1片
提手布：6cm×65cm 1片、7cm×75cm 1片
蝴蝶结：14cm×50cm 1片
蝴蝶结小装饰布：6cm×7cm 1片
紫色装饰布：4cm×49cm 2片

里布：75cm×110cm 1片
薄衬：160cm×110cm 1片
厚棉：55cm×85cm 1片
拉链：18cm 1条
磁扣：1组
棉卷：10mm×60cm 2条、13mm×70cm 2条

做法：

A布15cm×52cm一片、B布25cm×52cm一片、图案布17cm×52cm两片（皆已含缝份），组合成一片，烫上薄衬后铺棉，再烫薄衬共四层，最后开始压线。

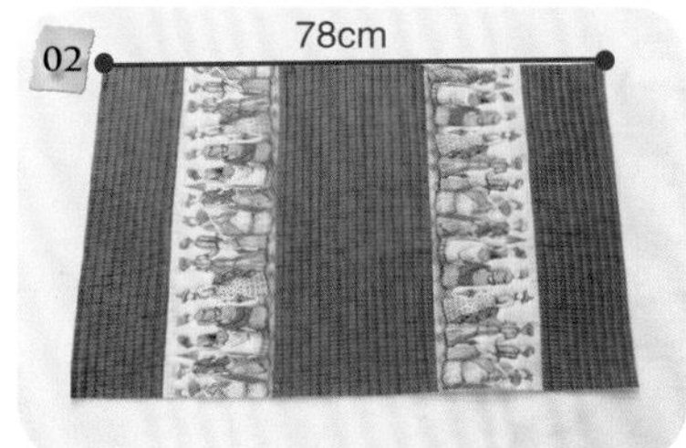

压线完成后裁齐为49cm×78cm。

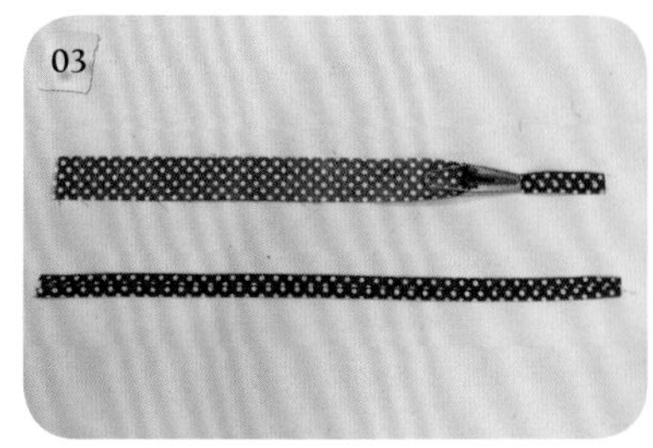

紫色装饰布4cm×49cm两片，使用红色滚边器整烫完成。

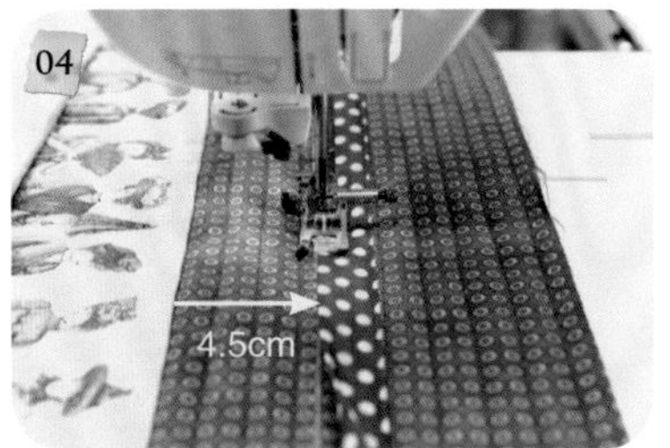

距图案4.5cm处将整烫好的装饰布，固定于表布两端。

完成表布两端的装饰。

表布对折左右车缝固定，底布截角12cm。

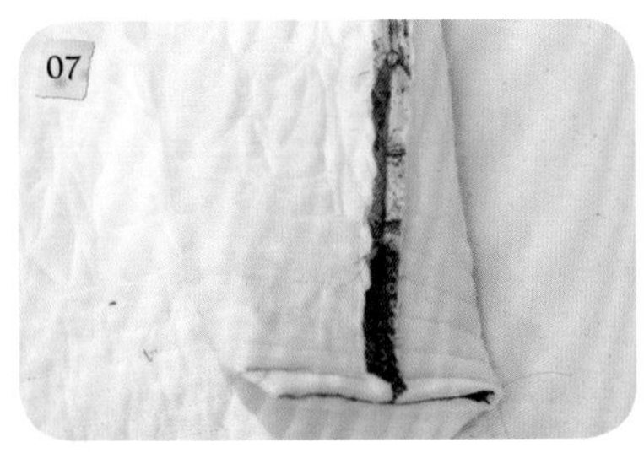

左右车缝后的接合布，拨开缝份后以卷针缝缝合，会使包较挺。

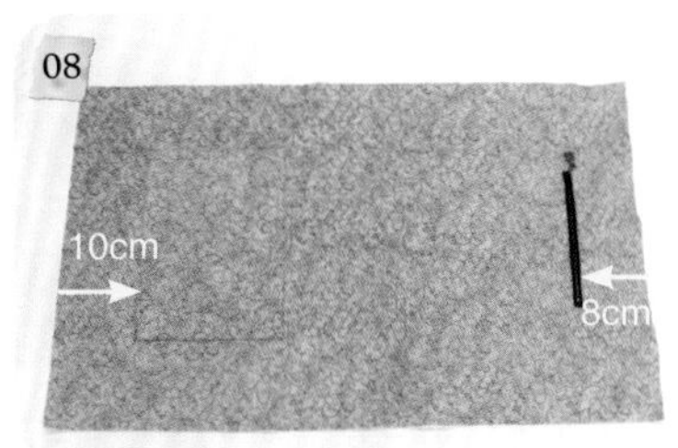

裁一片49cm×78cm内里布，烫上薄衬，分别在距边8cm处车缝上18cm拉链口袋（裁布23cm×50cm，做法参照p.158），距边10cm处车上开放式口袋（布裁27cm×42cm）。

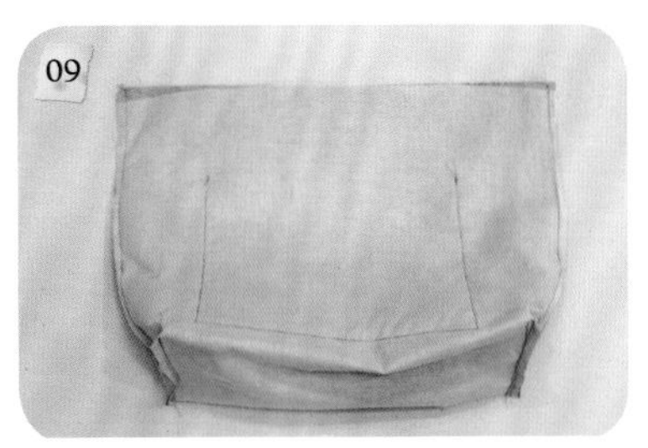

里布对折，左右车缝固定需预留一返口，底布截角12cm。

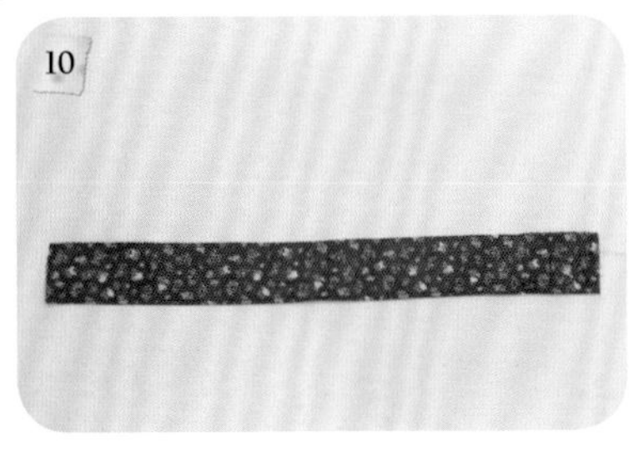

蝴蝶结布14cm×50cm一片，对折后四周车缝固定，预留一返口，翻回正面，烫平整。

左右交叉摆放。

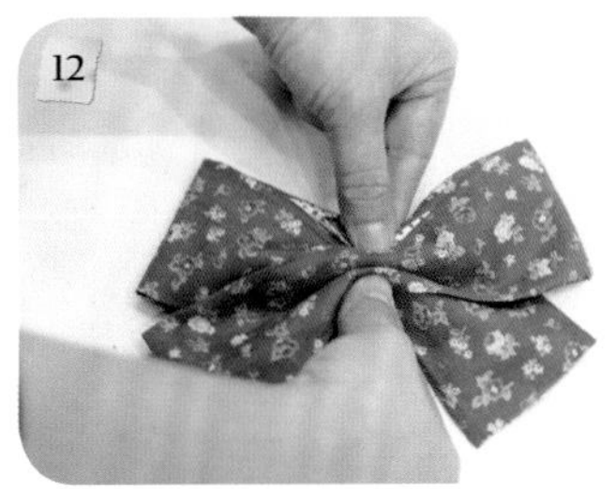

中间交叉处挤压。

挤压处缝数针固定。

蝴蝶结小装饰布6cm×7cm一片，对折后车缝固定，两端不封口，翻回正面烫平整。

缝数针固定于蝴蝶结中心。

蝴蝶结固定于外袋装饰布中间。

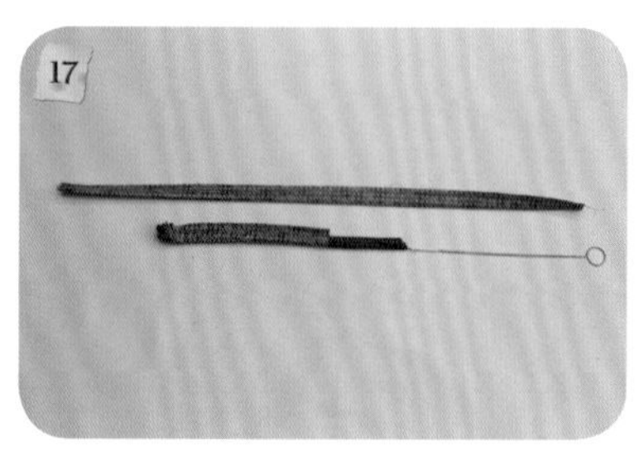

裁提手布6cm×65cm及7cm×75cm各一片，对折车缝后翻回正面。

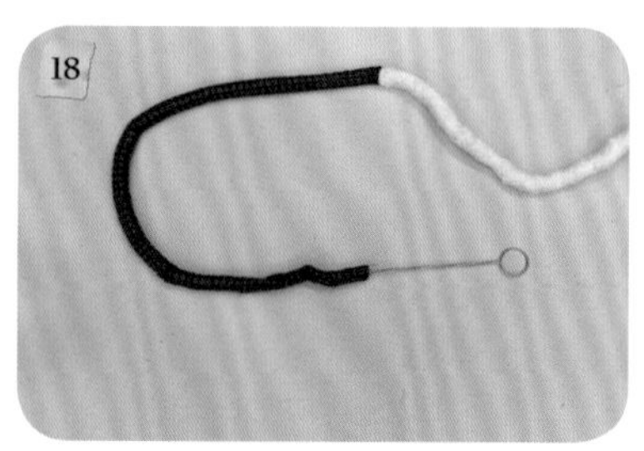

分别穿入10mm及13mm棉卷。

取穿入10mm及13mm棉卷各一条，缠绕后将两端缝数针固定。

完成提手固定于袋身（间距20cm）。

完成的内袋套入外袋，上缘车缝一圈固定，由返口翻回正面。

袋口缝上磁扣，缝合返口，完成作品。

惊艳巴洛克手提包

材料：

表布（图案布）

袋身：24cm×44cm 2片
格子布袋身布：30cm×44cm 2片
底布：15cm×44cm 1片
滚边斜布：4cm×85cm 1片
拉链口布：27cm×5cm 2片
褶皱装饰布：6cm×80cm 2片

里布：80cm×110cm 1片
薄衬：200cm×110cm 1片
铺棉：60cm×150cm 1片
拉链：40cm 1条、20cm 1条
磁扣：2组
提手：1组
PE板：11cm×26cm 1片
包扣：24mm 4颗

做法：

袋身表布24cm×44cm两片，烫上薄衬。

图案布空白处机缝上刺绣图案。

刺绣完成后铺棉再烫薄衬，最后开始压线。

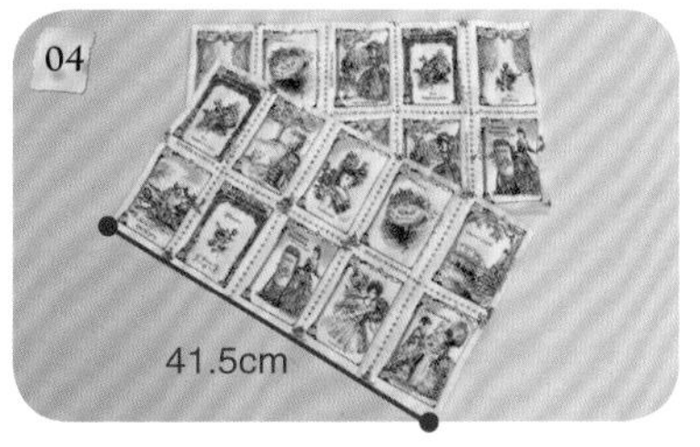

压线完成后裁齐为23cm×41.5cm。

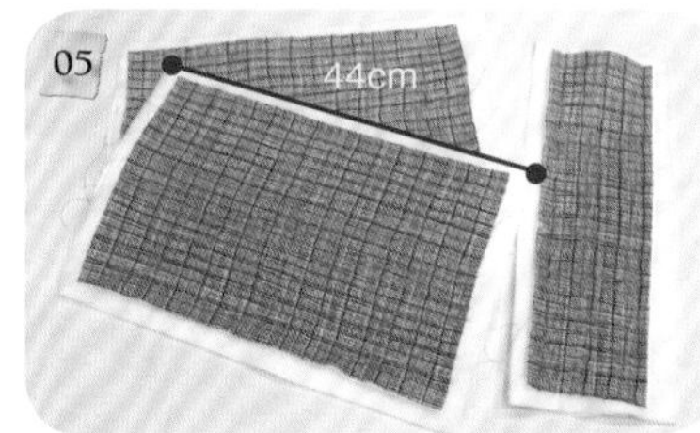

裁剪格子布袋身布30cm×44cm两片、底布15cm×44cm一片，烫上薄衬后铺棉，再烫薄衬共四层，最后开始压线。

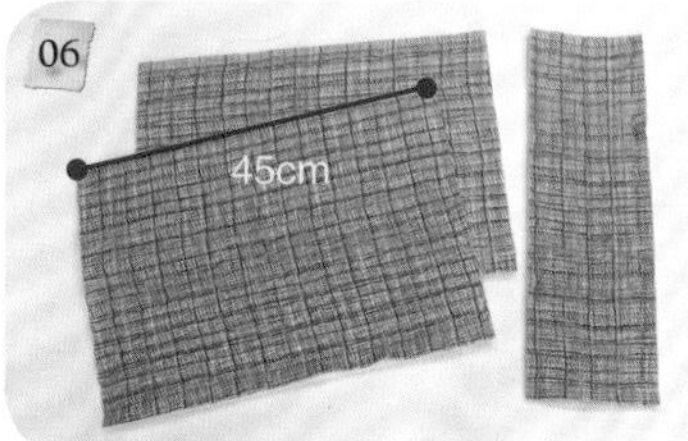

压线完后袋身裁齐为28cm×41.5cm、底布为13.5cm×41.5cm。

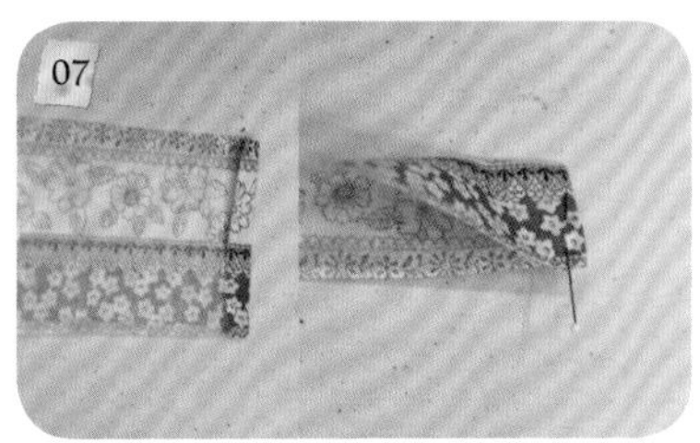

取褶皱装饰布6cm×80cm两片，两端分别折入1cm，再对折。

对折疏缝固定（针距长度5.0~7.0）起头引底线留一段，结束亦留一段线。

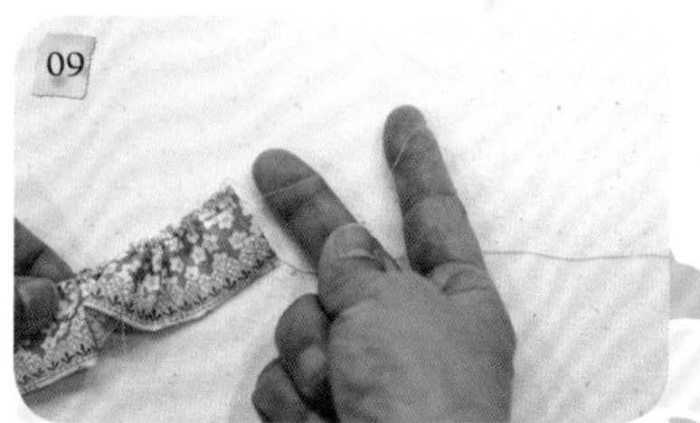

两端留的线中，拉下线，布便会产生褶皱。

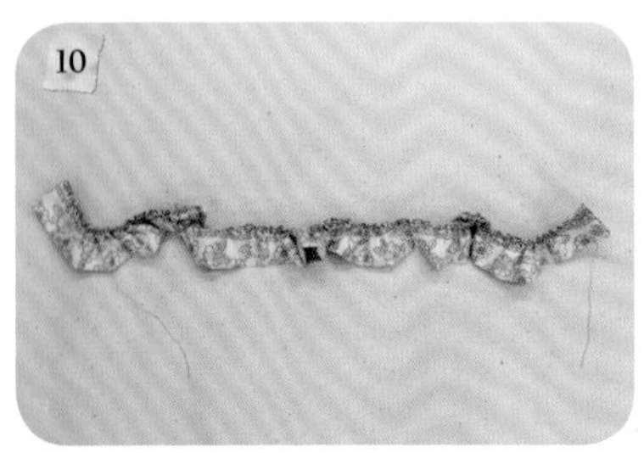

将褶皱拉至38cm，并平均皱褶。

将褶皱固定于口袋布上（左右各距边2cm不车缝）。

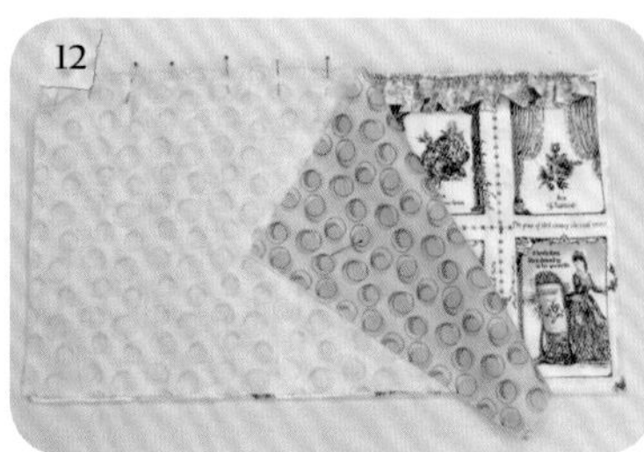

盖上23cm×41.5cm内里（烫薄衬）车缝上方固定。

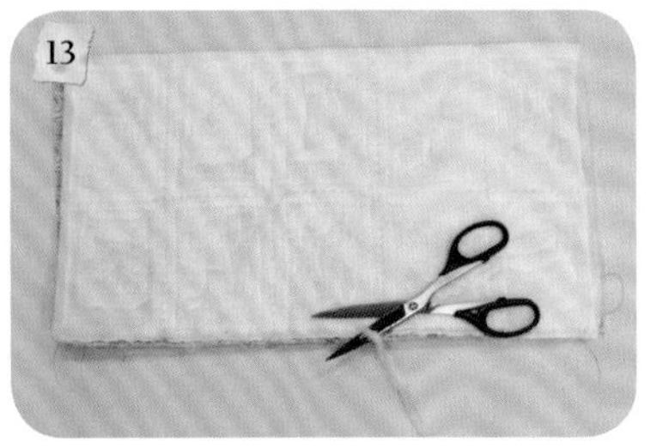

车缝上方后将缝份的棉剪掉。

翻回正面，完成前后口袋共两片。

前后口袋分别与袋身固定。

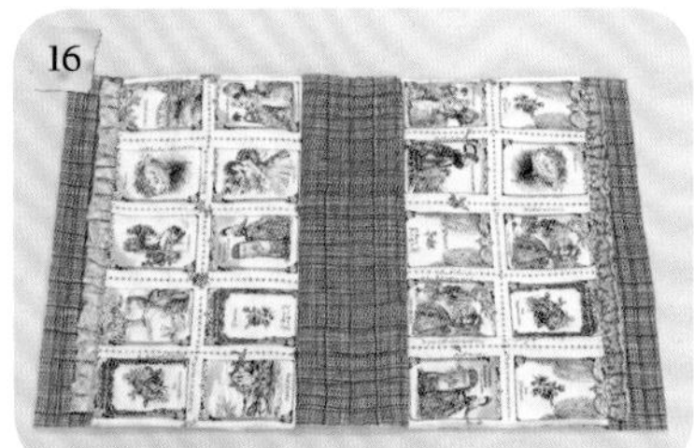

再与底部固定。

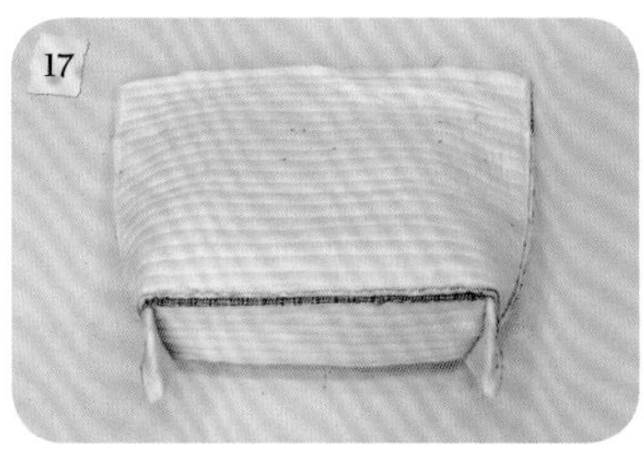

对折后车缝左右两侧固定，底布截角12cm。

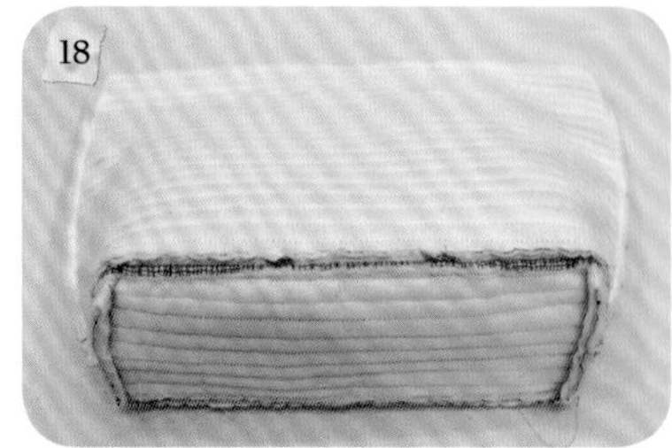

截角后多余的布剪掉，完成外袋。

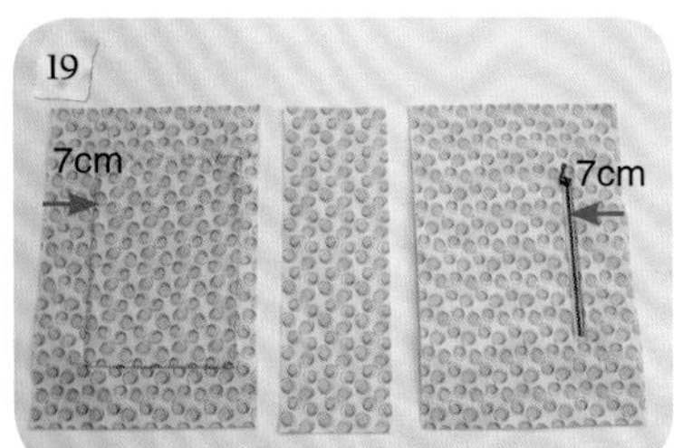

内里布前后片裁28cm×41.5cm两片，底布13.5cm×41.5cm皆烫上薄衬，前后片分别在距边7cm车缝上20cm拉链口袋（25cm×44cm，做法参照p.158）及距边7cm开放式口袋（30cm×30cm）。

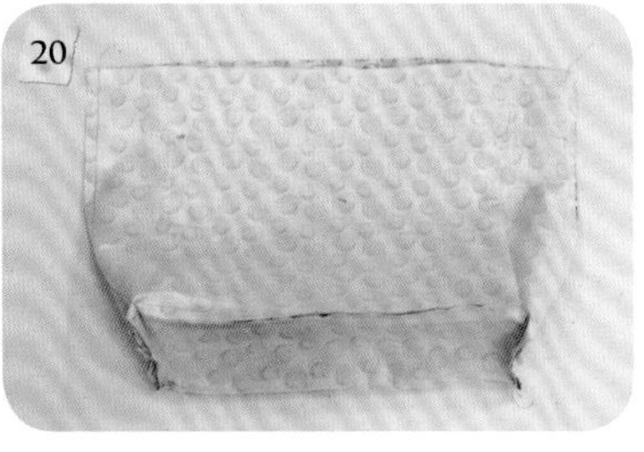

前后片与袋底组合后，对折左右车缝固定，底布截角12cm，完成内袋。

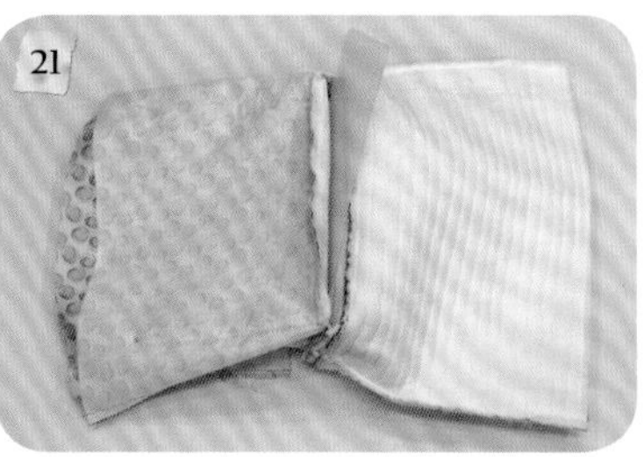

外袋与内袋底对底固定，并置入PE板。

翻回正面，两侧钉上压扣（距上端3cm，间距3cm）。

先于袋口外侧车缝上一侧的滚边布。

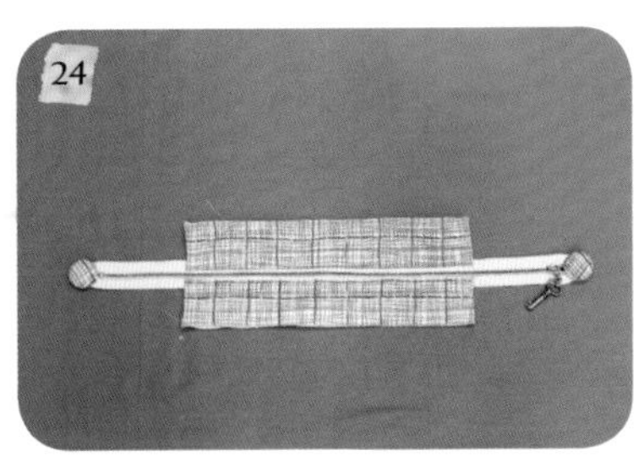

取40cm拉链，27cm×5cm拉链口布表里各两片制作拉链口布（做法参照p.154），两端缝上包扣装饰。

先固定拉链口布，再将另一侧滚边布缝上。

缝上提手（间距12cm），前后口袋缝上磁扣，完成作品。

参照原寸纸型A面

抽象意境手提包

材料：

千鸟格表布

袋身：42cm×28cm 2片
提手：90cm×9.5cm 2片
前后口袋内里：51cm×23cm 2片
底布：30cm×22cm 2片
拉链口布：32cm×6cm 2片

蓝色花图案布

前后口袋：51cm×23cm 2片
提手：90cm×9.5cm 2片

黑灰配色布

滚边斜布：4cm×85cm 1片、4cm×51cm 2片

里布：60cm×110cm 1片
薄衬：150cm×110cm 1片
铺棉：30cm×120cm 1片
拉链：15cm 1条、30cm 1条
PE板：16cm×25cm 1片
磁扣：2颗
蕾丝：少许

做法：

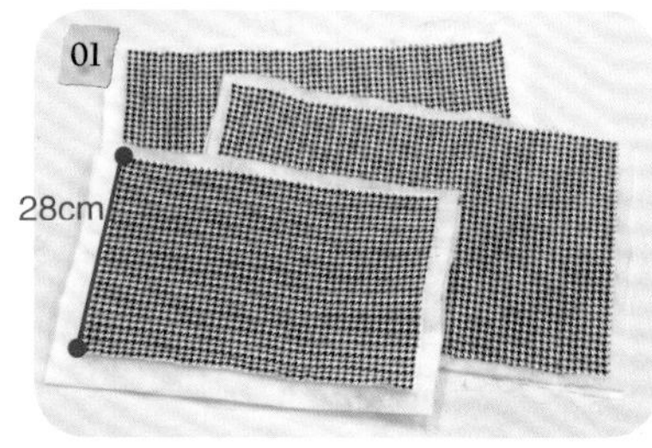

裁28cm×42cm两片袋身表布，烫上薄衬后铺棉再烫薄衬共四层，最后开始压线。

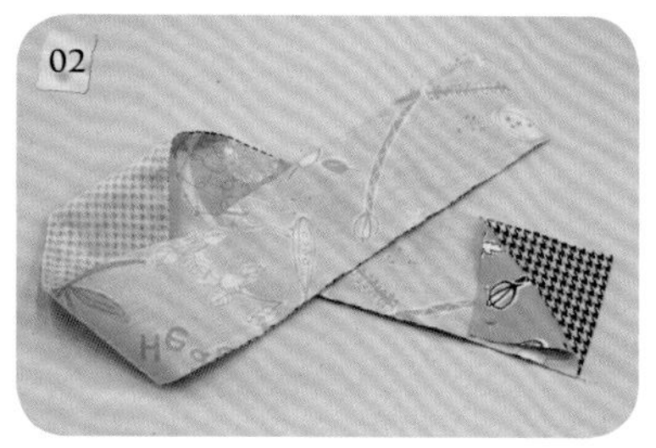

提手布两色各裁90cm×9.5cm两片，正面相对，车缝四周，请预留一返口。

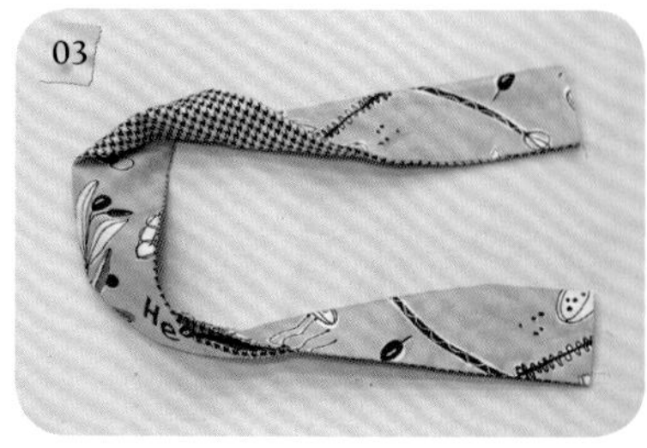

翻回正面，缝合返口，旋转两圈。

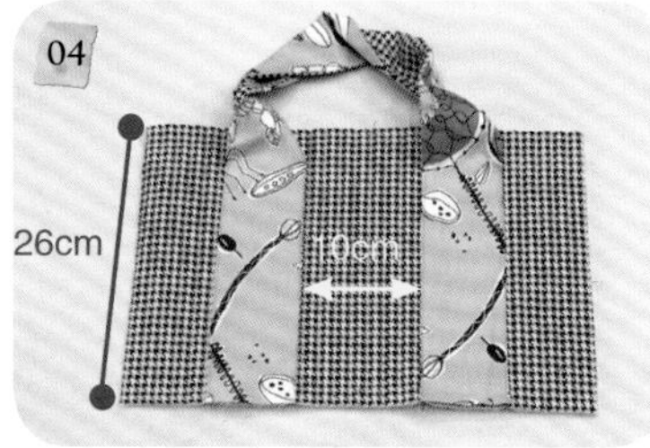

固定于前后袋身（裁齐为26cm×40cm两片），间距10cm。

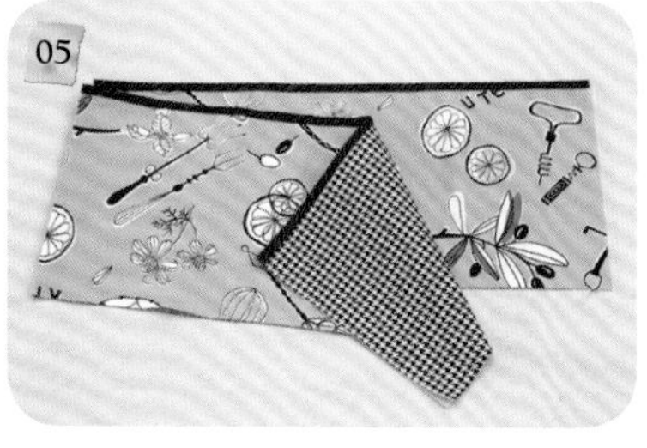

前后口袋表布及里布23cm×51cm各两片，烫薄衬，背面对背面固定上端并车缝上滚边布。

依纸型尺寸修齐，车缝上蕾丝。

前后片口袋固定于袋身，上缘打褶2cm。

上缘打褶2cm近照图。

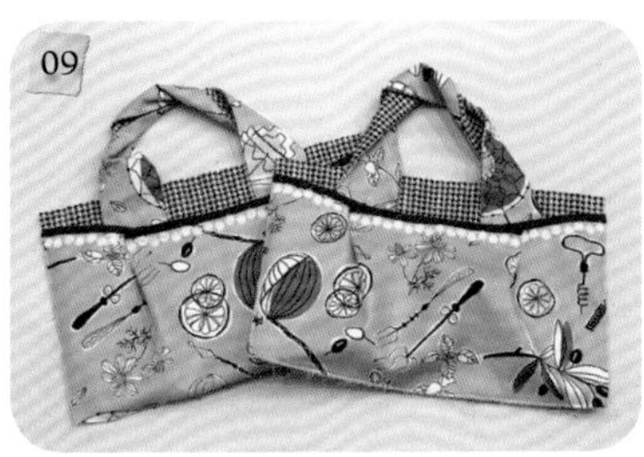

完成前后两片口袋与袋身组合。

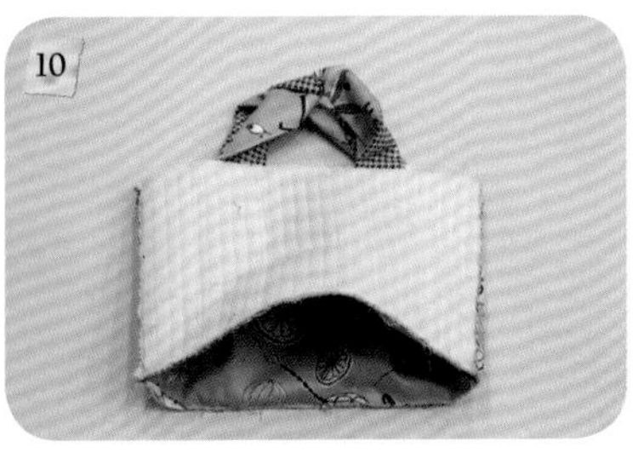

袋身两片正面相对，左右组合。

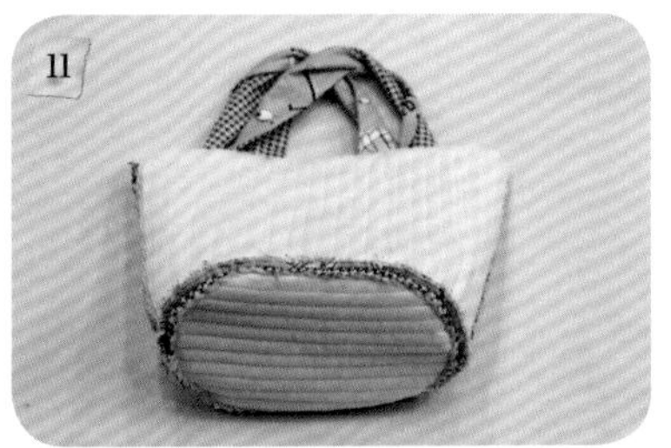

底布30cm×22cm烫上薄衬后铺棉再烫薄衬共四层，完成压线，依纸型剪齐再与袋身组合，接合线拨开以卷针缝缝合会使包较挺。

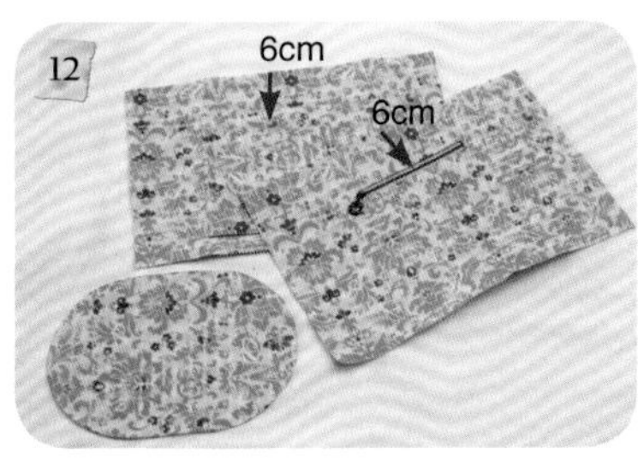

内里烫薄衬，袋底依纸样剪齐，裁两片26cm×40cm前后袋身，分别在距边6cm处车缝上15cm拉链口袋（裁布20cm×40cm，做法参照p.158）及开放式口袋（25cm×36cm）。

袋身与底组合完成内袋。

内袋与外袋底对底，缝数针固定后置入PE板。

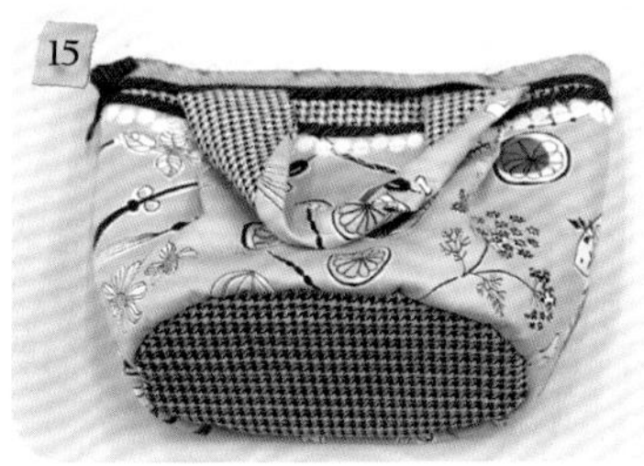

翻回正面，上缘车缝上滚边布外侧。

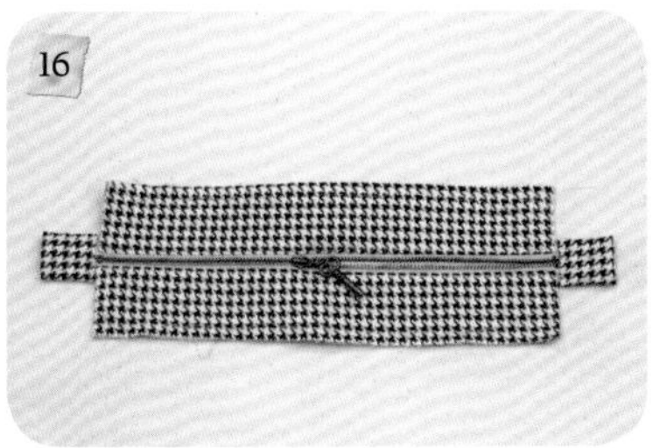

完成30cm拉链口布（布裁6cm×32cm表里各两片，做法参照p.154）。

将拉链口布固定于袋口。

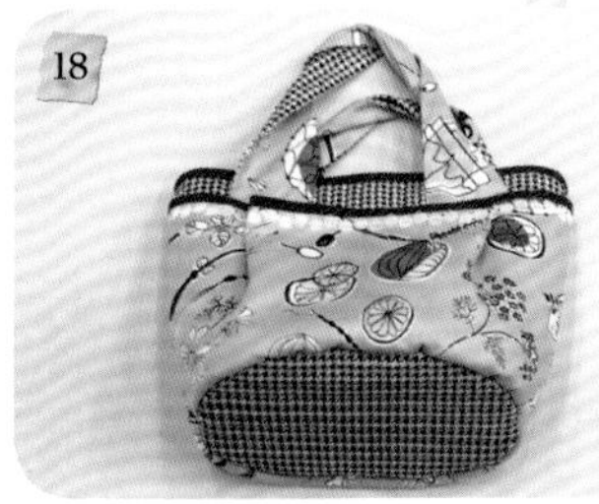

缝上另一侧滚边布，完成作品。

拉链口布制作步骤

裁剪所需的尺寸，表布里布各两片，烫上薄衬。

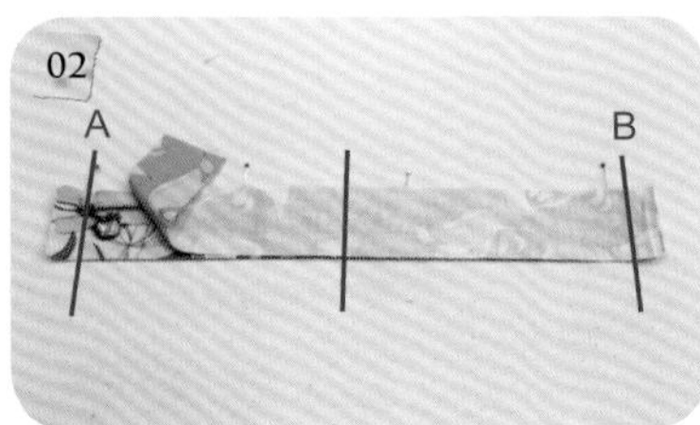

画出中线，左右要平均，再画出需要车缝上口布的记号（口布长度较所需要车缝的长度再多2cm）。

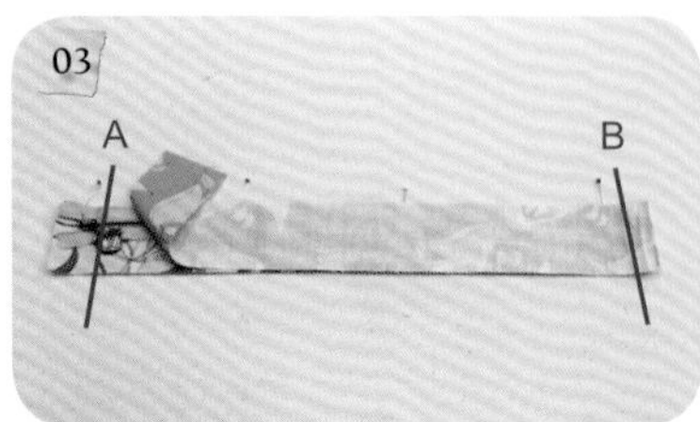

依表布、拉链、内里顺序放，量出需要车缝的口布距离，画出A、B号（左右各预留1cm布）。

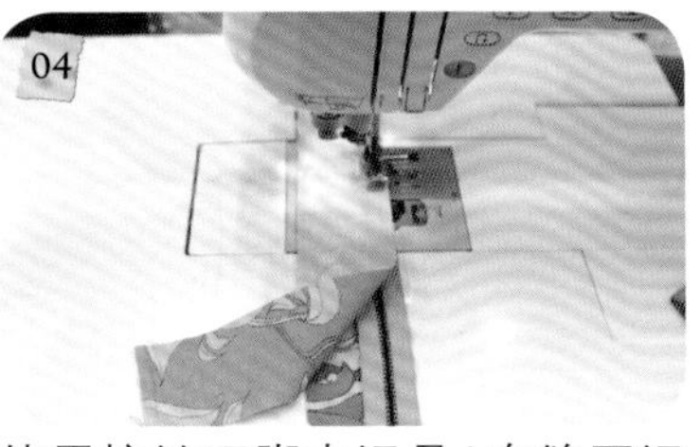

使用拉链压脚由记号A车缝至记号B。

记号尾端1cm未车缝的布反折，以珠针固定。

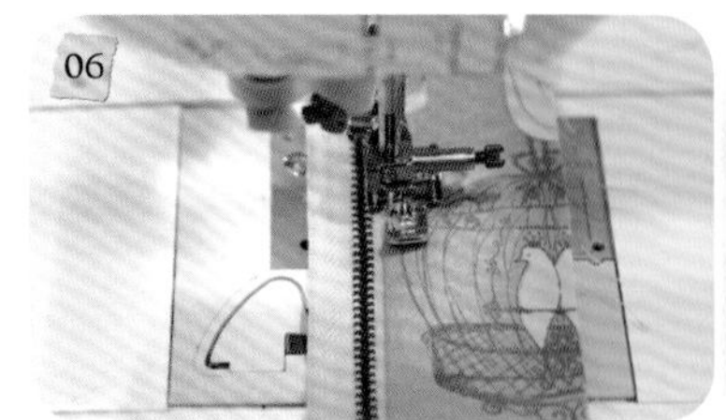

再使用拉链压脚固定。

固定完成图。

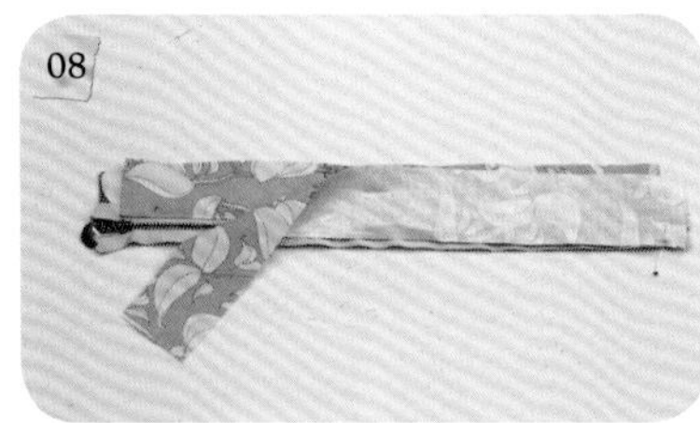

用同样方法车缝另一侧口布。

完成两侧口布。

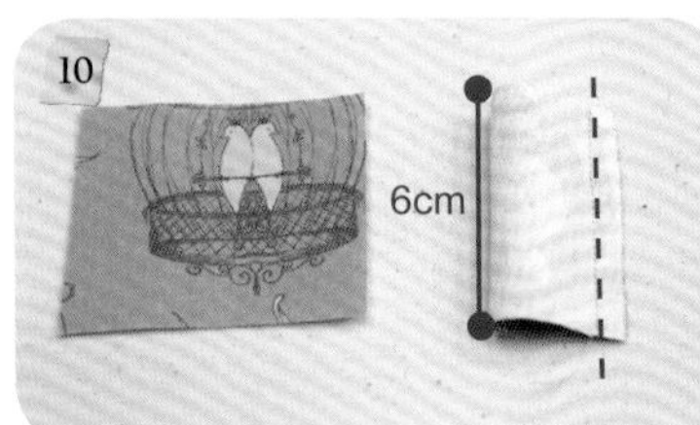

裁剪8cm×6cm两片头尾装饰布，烫薄衬，对折后车缝一固定线。

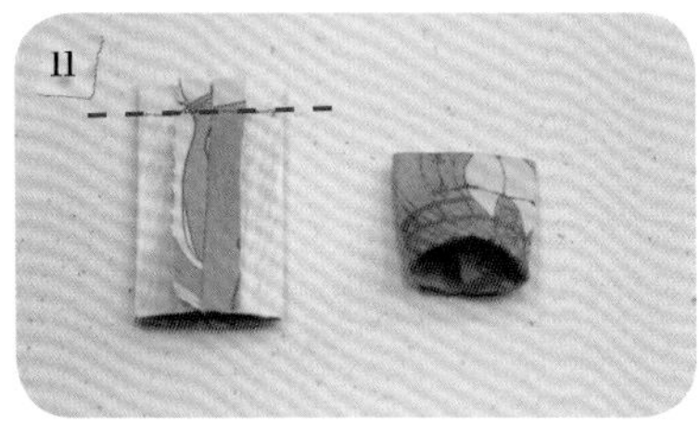

拨开缝份烫平，一端车缝一固定线，翻回正面，开口端折入1.5cm。

套入拉链两端，完成拉链口布。

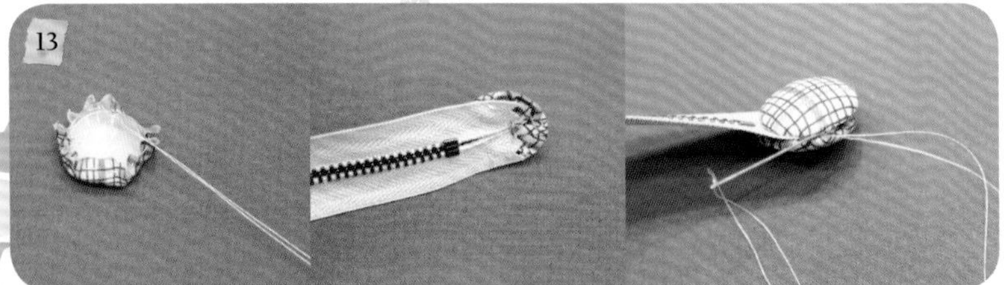

剪布（比24mm包扣大约1.5cm），缩缝固定于拉链尾端，再将另一颗包扣对贴后以藏针缝缝合。

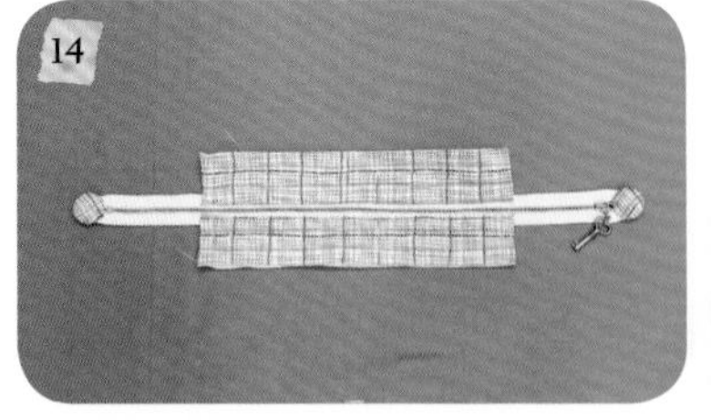

完成包扣装饰的拉链口布。

包绳（出芽）方法

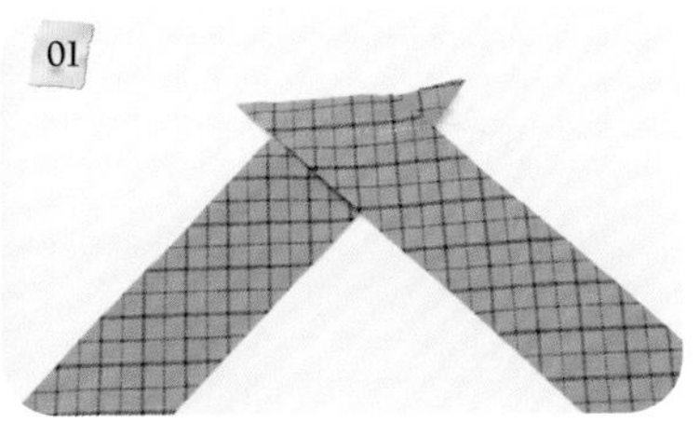

裁剪3cm斜布滚边布条，正面相对，由凹股车缝至凹股。

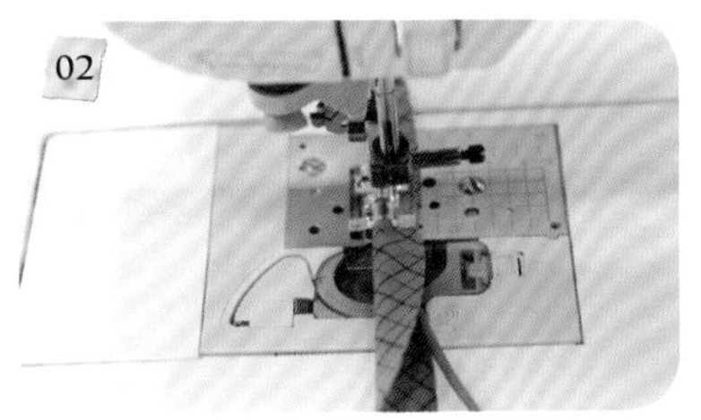

包住皮绳，使用串珠压脚（针位选择右侧）。

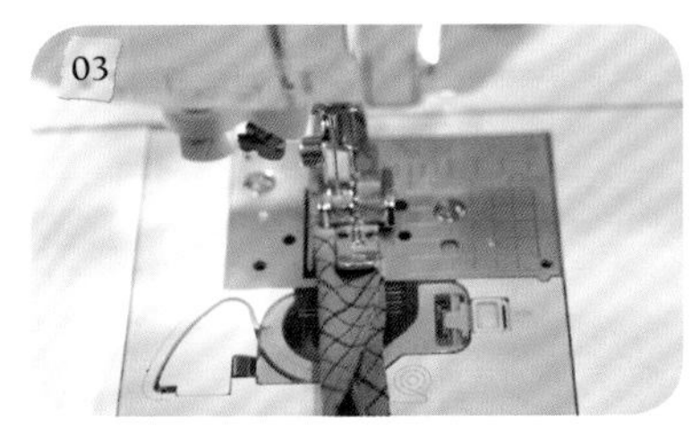

或使用拉链压脚（选择中针位）。

再将包好的皮绳与袋身对齐，再使用串珠压脚或拉链压脚将皮绳固定于袋身。

包绳（出芽）结合方法

先将3cm斜布组合。

3cm斜布组合完成需与底布长度一样。

将皮绳两端缝数针固定（避免日后皮绳分开）。

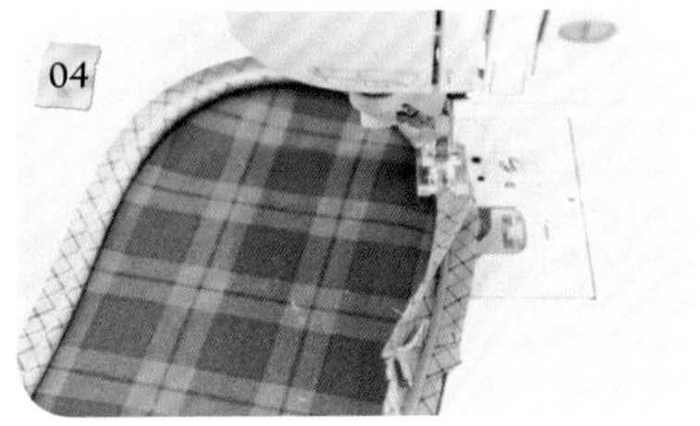

再使用串珠压脚或拉链压脚将滚边布车缝完成。

奇异衬贴布方法

奇异衬一面有胶，一片没有胶，将要贴的图案大约剪下，置于有胶面后烫上，温度要够，胶才会粘于布上。

细剪出实际要的图案。

将纸撕掉（确认胶已粘于布上）。

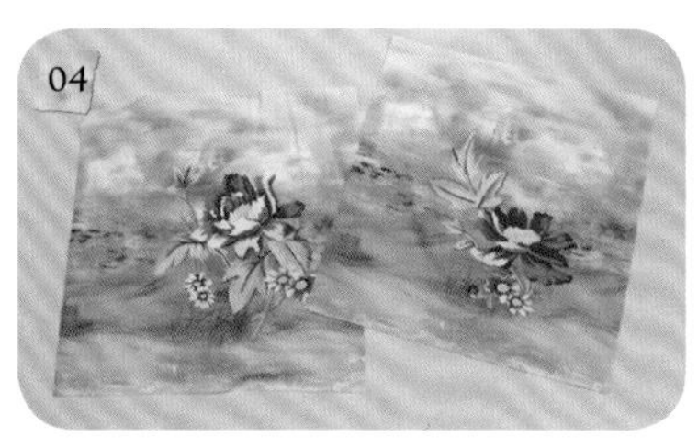

烫于布上，再使用密针、毛边绣或自由曲线等方法车缝固定。

机缝的密针

使用前开式密针压脚，不会挡住视线（不同缝纫机会稍有差异）。

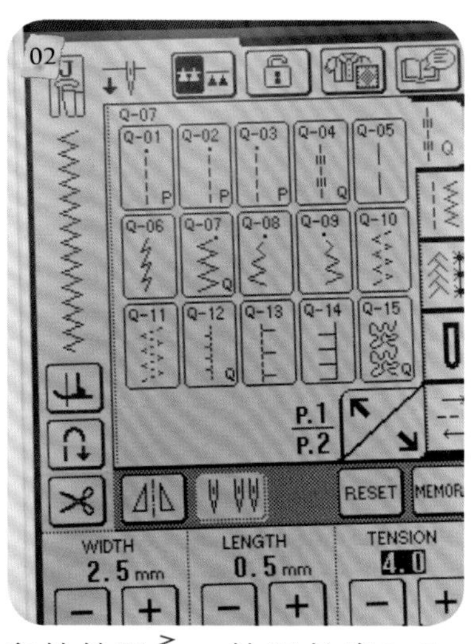

密针针距，针距长度0.5～0.8mm（数字越小越密）、宽2～5mm（或依喜好越大越宽）。

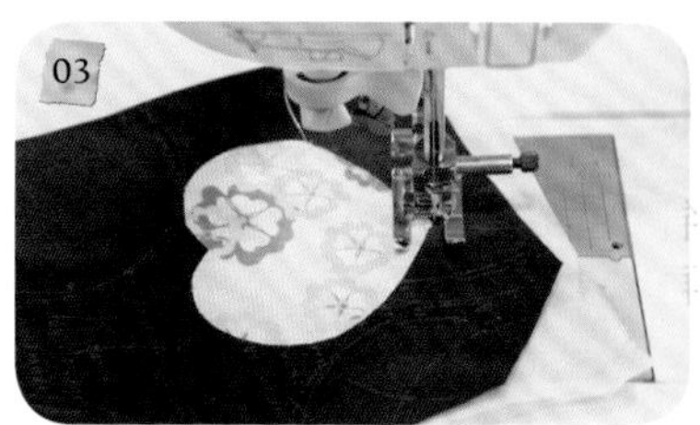

尖角处转弯，针停于外侧，再慢慢转弯。

完成图。

机缝的毛边绣

使用前开式密针压脚。

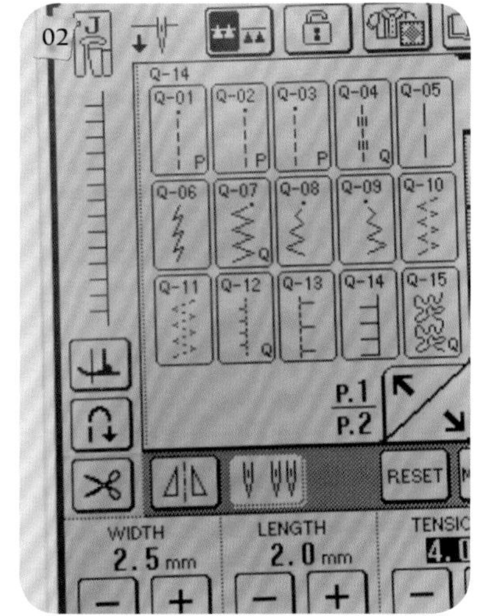

毛边针距，调针距长2.0mm（数字越小越密）、宽2.5mm（或依喜好越大越宽）。

尖角处转弯，针停于尖角处，布转至针向左时会平行的角度（即转约45度）。

针至左侧，再回到右侧尖点，布再转至针向下时会垂直的角度（即再转约45度）。

完成图。

机缝的自由曲线

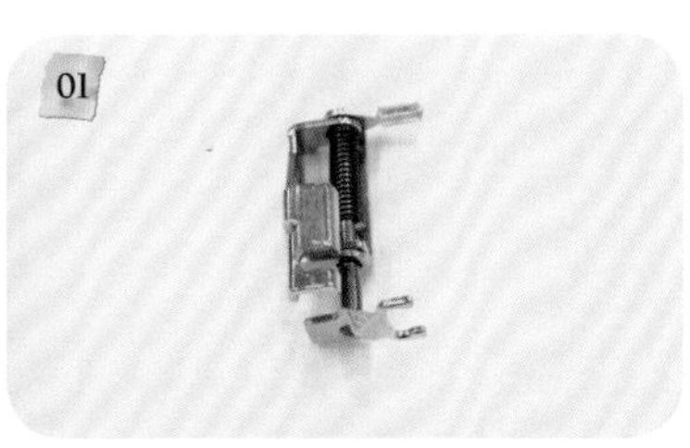

自由曲线压脚（不同缝纫机会有差异）送布脚降下，调针距长度F或0。

依图外侧沿边拉线或来回重复沿边拉线，将图案固定于布上。

完成的线条图。

拉链口袋制作步骤

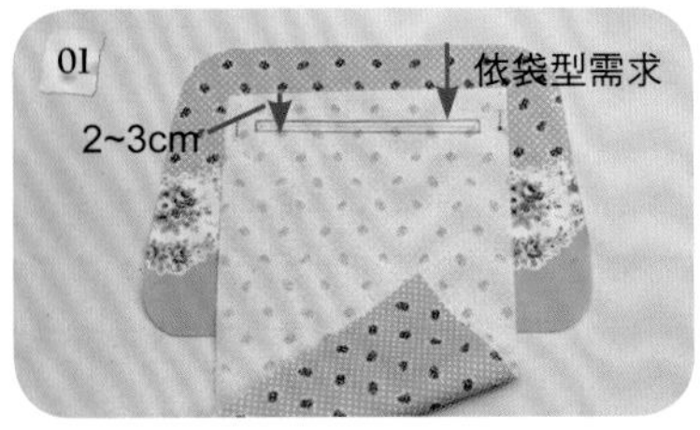

口袋布依标示尺寸烫上薄衬，依袋型需求于上方处画出拉链位置，口袋上边布最好距边2～3cm。

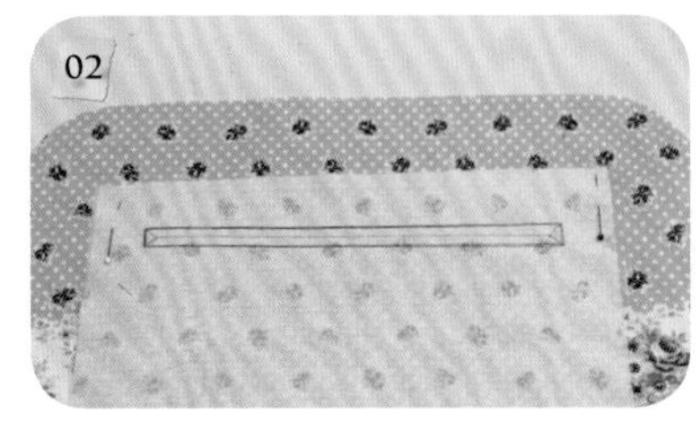

方格高1cm，再于0.5cm处画一中线、两侧画Y形。

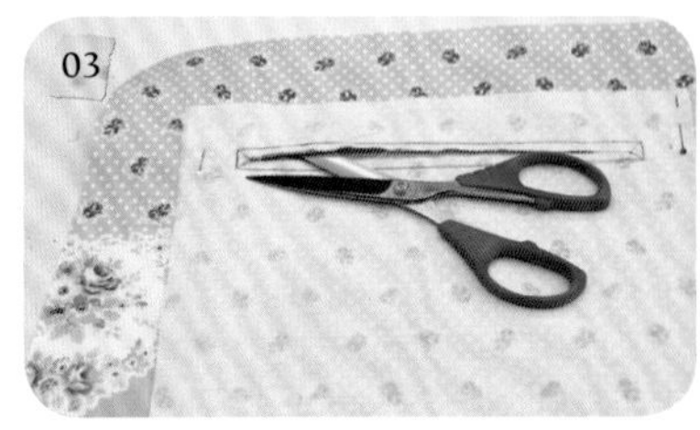

方形四周车缝完成后，依中线及Y形剪开（Y处剪越边越好翻至正面才会越平整）。

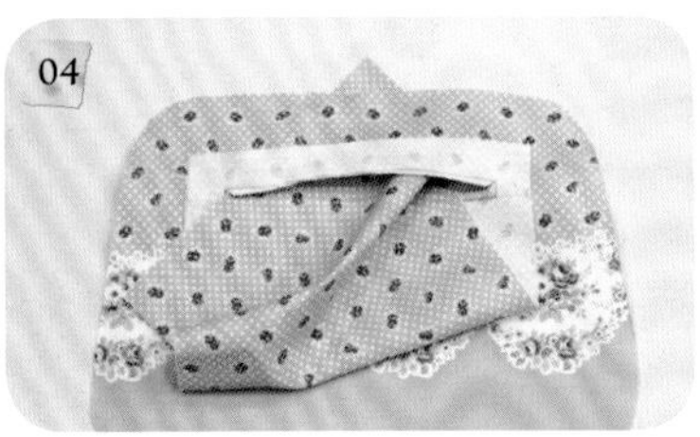

将拉链口袋布由剪开洞口塞入。

烫平整。

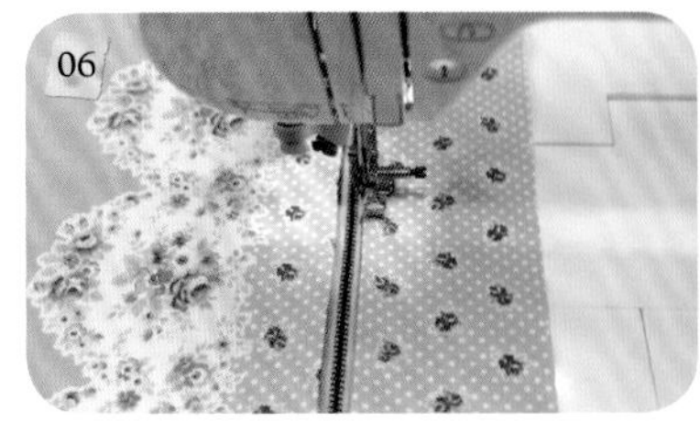

放入拉链（可以使用布用双面胶协助固定）后车缝四周。

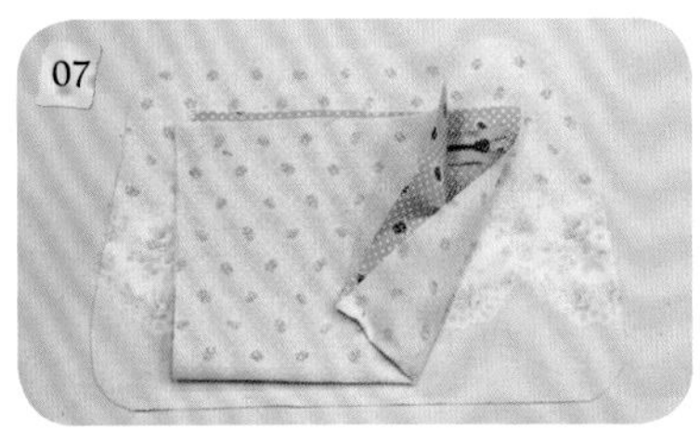

口袋布对折后封口，注意不要车缝到袋身。

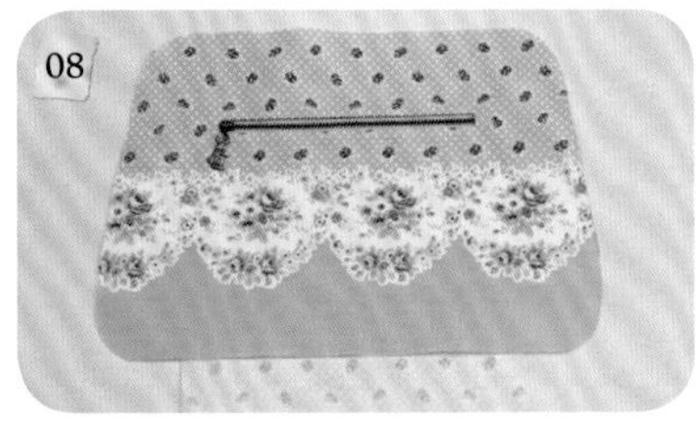

拉链车缝完成图。

滚边方法

两片斜布滚边布条正面相对，由凹股车缝至凹股。

左右修齐。

烫开缝份。

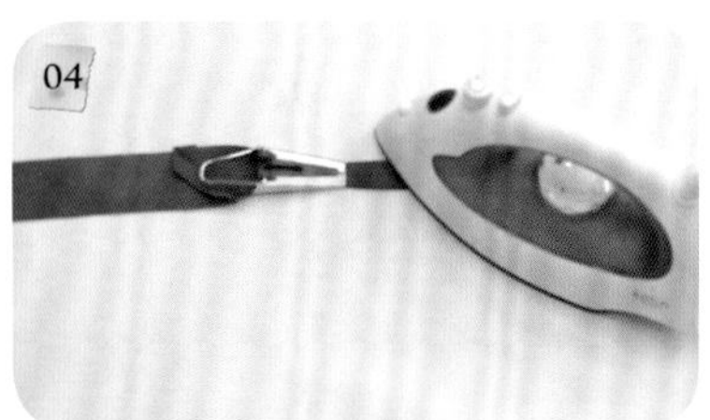

使用滚边器整烫。

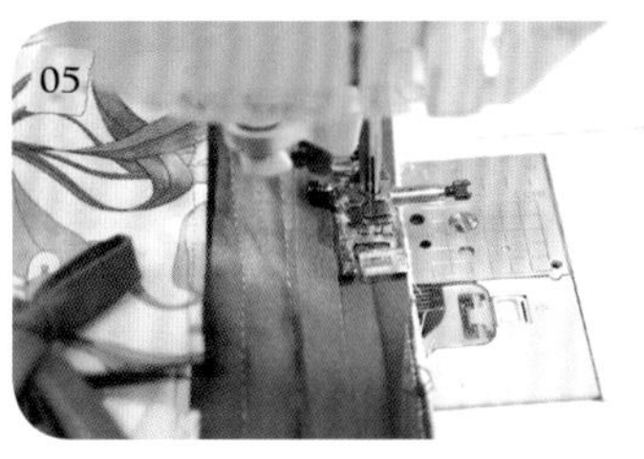

沿线与袋身车缝固定。

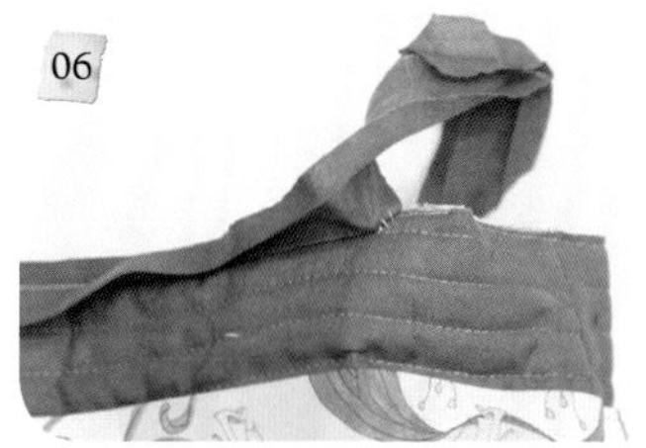

滚边尾端两端接合。

再沿线车缝（如步骤5）固定。

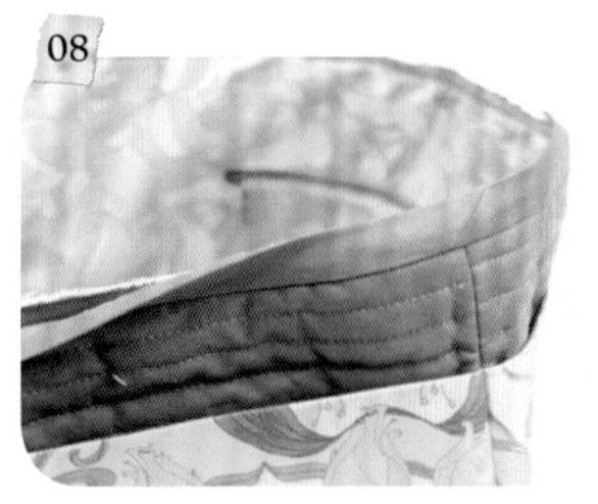

另一边滚边布以手缝藏针缝缝合。

著作权合同登记号：图字16—2011—198

图书在版编目(CIP)数据

超图解　娜塔莎的机缝拼布包 / 林素伶著.— 郑州：河南科学技术出版社，2012.6

ISBN 978-7-5349-5623-2

Ⅰ.①超…　Ⅱ.①林…　Ⅲ.①布料－背包－制作－图解 Ⅳ.①TS941.729-64

中国版本图书馆CIP数据核字（2012）第079881号

出版发行：河南科学技术出版社

地址：郑州市经五路66号　　邮编：450002

电话：（0371）65737028　65788613

网址：www.hnstp.cn

策划编辑：刘　欣

责任编辑：刘　瑞

责任校对：梁莹莹

封面设计：张　伟

责任印制：张艳芳

印　　刷：北京盛通印刷股份有限公司

经　　销：全国新华书店

幅面尺寸：190mm×260mm　　印张：10　　字数：170千字

版　　次：2012年6月第1版　　2012年6月第1次印刷

定　　价：39.00元